Wissenschaftliche Reihe Fahrzeugtechnik Universität Stuttgart

Reihe herausgegeben von

Michael Bargende, Stuttgart, Deutschland

Hans-Christian Reuss, Stuttgart, Deutschland

Jochen Wiedemann, Stuttgart, Deutschland

Das Institut für Fahrzeugtechnik Stuttgart (IFS) an der Universität Stuttgart erforscht, entwickelt, appliziert und erprobt, in enger Zusammenarbeit mit der Industrie, Elemente bzw. Technologien aus dem Bereich moderner Fahrzeugkonzepte. Das Institut gliedert sich in die drei Bereiche Kraftfahrwesen, Fahrzeugantriebe und Kraftfahrzeug-Mechatronik. Aufgabe dieser Bereiche ist die Ausarbeitung des Themengebietes im Prüfstandsbetrieb, in Theorie und Simulation. Schwerpunkte des Kraftfahrwesens sind hierbei die Aerodynamik, Akustik (NVH), Fahrdynamik und Fahrermodellierung, Leichtbau, Sicherheit, Kraftübertragung sowie Energie und Thermomanagement – auch in Verbindung mit hybriden und batterieelektrischen Fahrzeugkonzepten. Der Bereich Fahrzeugantriebe widmet sich den Themen Brennverfahrensentwicklung einschließlich Regelungs- und Steuerungskonzeptionen bei zugleich minimierten Emissionen, komplexe Abgasnachbehandlung, Aufladesysteme und -strategien, Hybridsysteme und Betriebsstrategien sowie mechanisch-akustischen Fragestellungen. Themen der Kraftfahrzeug-Mechatronik sind die Antriebsstrangregelung/Hybride, Elektromobilität, Bordnetz und Energiemanagement, Funktions- und Softwareentwicklung sowie Test und Diagnose. Die Erfüllung dieser Aufgaben wird prüfstandsseitig neben vielem anderen unterstützt durch 19 Motorenprüfstände, zwei Rollenprüfstände, einen 1:1-Fahrsimulator, einen Antriebsstrangprüfstand, einen Thermowindkanal sowie einen 1:1-Aeroakustikwindkanal. Die wissenschaftliche Reihe „Fahrzeugtechnik Universität Stuttgart" präsentiert über die am Institut entstandenen Promotionen die hervorragenden Arbeitsergebnisse der Forschungstätigkeiten am IFS.

Reihe herausgegeben von

Prof. Dr.-Ing. Michael Bargende
Lehrstuhl Fahrzeugantriebe
Institut für Fahrzeugtechnik Stuttgart
Universität Stuttgart
Stuttgart, Deutschland

Prof. Dr.-Ing. Hans-Christian Reuss
Lehrstuhl Kraftfahrzeugmechatronik
Institut für Fahrzeugtechnik Stuttgart
Universität Stuttgart
Stuttgart, Deutschland

Prof. Dr.-Ing. Jochen Wiedemann
Lehrstuhl Kraftfahrwesen
Institut für Fahrzeugtechnik Stuttgart
Universität Stuttgart
Stuttgart, Deutschland

Weitere Bände in der Reihe https://link.springer.com/bookseries/13535

Michael Brotz

NOx-Speicherkatalysator-regeneration bei Dieselmotoren mit variablem Ventiltrieb

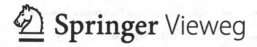

Michael Brotz
IFS, Fakultät 7, Lehrstuhl für
Fahrzeugantriebe
Universität Stuttgart
Stuttgart, Deutschland

Zugl.: Dissertation Universität Stuttgart, 2021

D93

ISSN 2567-0042   ISSN 2567-0352   (electronic)
Wissenschaftliche Reihe Fahrzeugtechnik Universität Stuttgart
ISBN 978-3-658-36680-3   ISBN 978-3-658-36681-0   (eBook)
https://doi.org/10.1007/978-3-658-36681-0

Die Deutsche Nationalbibliothek verzeichnet diese Publikation in der Deutschen Nationalbibliografie; detaillierte bibliografische Daten sind im Internet über http://dnb.d-nb.de abrufbar.

Springer Vieweg ist ein Imprint der eingetragenen Gesellschaft Springer Fachmedien Wiesbaden GmbH und ist ein Teil von Springer Nature.
Die Anschrift der Gesellschaft ist: Abraham-Lincoln-Str. 46, 65189 Wiesbaden, Germany

Vorwort

Die vorliegende Arbeit entstand während meiner Tätigkeit als wissenschaftlicher Mitarbeiter am Institut für Fahrzeugtechnik Stuttgart (IFS) der Universität Stuttgart unter Leitung von Prof. Dr.-Ing. M. Bargende.

Mein besonderer Dank gilt Herrn Prof. Dr. -Ing. M. Bargende für die wissenschaftliche und persönliche Betreuung dieser Arbeit sowie die Übernahme des Hauptreferates.

Herrn Prof. Dr.-Ing. B. Wiedemann danke ich herzlich für das entgegengebrachte Interesse an der Arbeit und für die Übernahme des Koreferates.

Außerdem bedanke ich mich bei allen Mitarbeitern des Institutes für Fahrzeugtechnik Stuttgart (IFS) sowie des Forschungsinstitutes für Kraftfahrzeuge und Fahrzeugmotoren Stuttgart (FKFS). Insbesondere bei Herrn Dipl.-Ing. Hans-Jürgen Berner, der mich jederzeit während meiner Arbeit mit wichtigen Ratschlägen und interessanten Diskussionen unterstützt hat.

Frau Dipl.-Ing. C. Burkhardt möchte ich herzlich für die Übernahme der Leitung des begleitenden FVV-Projekts danken. Im Rahmen des Abschlussberichts sind Teile dieser Arbeit vorveröffentlicht.

Besonders bedanken möchte ich mich bei meinem Projektpartner Herrn M.Sc. Markus Maul für die sehr gute Zusammenarbeit. Ich wünsche ihm für seine weitere Laufbahn alles Gute.

Ferner bedanke ich mich bei Frau M. Sc. Carolin Homm, Herrn M. Sc. Benjamin Ebner und Herrn M. Sc. Markus Koch für das sehr sorgfältige Korrekturlesen der Arbeit.

Zuletzt möchte ich mich bei meiner Familie und meiner Freundin bedanken, die mich während dieser interessanten, aber auch anstrengenden Zeit zu jedem Zeitpunkt unterstützt haben.

Stuttgart   Michael Brotz

Inhaltsverzeichnis

Abbildungsverzeichnis

Tabellenverzeichnis

Abkürzungsverzeichnis

	Abkürzungen
0D	Nulldimensional
1D	Eindimensional
A/D	Analog/Digital
Ab	Abgas
AGR	Abgasrückführung
AMA	Abgasmessanlage
aNE	angelagerte Nach-Einspritzung
ASAM	Association for Standardisation of Automation and Measuring Systems
ASP	Arbeitsspiel
AV	Auslassventil
AVH	Auslassventilhub
Ba	Barium
$BaCO_3$	Bariumcarbonat
$Ba(NO_3)_2$	Bariumnitrat
BMEP	Brake Mean Effective Pressure
BP	Betriebspunkt
C	Kohlenstoff
C_3H_6	Propen
Cer	Cerium
CO	Kohlenstoffmonoxid
CO_2	Kohlenstoffdioxid
cum.	cummulated
DCCS	Dilution Controlled Combustion System
DeNOx	Rauchgasentstickung
DOC	Dieseloxidationskatalysator
DPF	Dieselpartikelfilter
ECU	Engine Control Unit

EKAS	Einlasskanalabschaltung
Ekr	Einlasskrümmer
ES	Einspritzungen
ESZ	Einspritzzeitpunkt
ETK	Emulator Tastkopf
EV	Einlassventil
GOT	oberer Totpunkt im Gaswechsel
GT	Gamma Technologies
H	Wasserstoff
H_2O	Wasser
HCCI	Homogeneous Charge Compression Ignition
HCLI	Homogeneous Charge Late Injection
HD	Hochdruck
HE	Haupteinspritzung
HFM	Heißfilm-Luftmassenmesser
H_U	unterer Heizwert
IMEP	Indicated Mean Effective Pressure
INCA	Integrated Calibration and Application Tool
iRGR	interne Restgasrate
KW	Kurbelwinkel
KW	Kühlwasser
LTC	Low Temperature Combustion
LNT	Lean NOx Trap
Max	Maximal
MES	Mehrfacheinspritzung
N	Stickstoff
ND	Niederdruck
NE	Nach-Einspritzung
NO	Stickstoffmonoxid
NO_2	Stickstoffdioxid
NOK	NOx-Oxidationskatalysator
NO_x	Stickoxide

norm.	normalized
NSK	NOx-Speicherkatalysator
NTC	Negative Temperature Coefficient
O	Sauerstoff
OH	Hydroxyl-Radikal
OT	Oberer Totpunkt
PC	Personal Computer
Pkw	Personenkraftwagen
PWM	Pulsweitenmodulation
RDE	Real Driving Emissions
SCP	Signal Conditioning Performance
SCR	Selective Catalytic Reduction
SDPF	Dieselpartikelfilter mit SCR-Beschichtung
SULEV30	Super Ultra Low Emissions Vehicle 30
SUV	Sport Utility Vehicles
THC	Total-Kohlenwasserstoff
Tot	Gesamt
U50	Umsatzpunkt 50 %
UT	Unterer Totpunkt
üs.	überstöchiometrisch
VE	Vor-Einspritzung
WLTC	Worldwide harmonized Light vehicles Test Cycle
Zyl	Zylinder

Griechische Buchstaben

ε	Verdichtungsverhältnis	-
η_{O2}	Sauerstoffumsetzungsgrad	-
λ	Verbrennungsluftverhältnis	-
λ_{Brett}	Verbrennungsluftverhältnis nach Brettschneider	-
λ_{Sonde}	Verbrennungsluftverhältnis gemessen über die Lambdasonde	
		-

λ_{theo}	Verbrennungsluftverhältnis berechnet aus Luft- und Kraftstoffmasse	-
σ	Standardabweichung	-
φ	Kurbelwinkel	°KW
ϕ	1/Verbrennungsluftverhältnis	-

Indizes

aNE	angelagerte Nach-Einspritzung
B	Brennstoff
ESZ	Einspritzzeitpunkt
ExManifold	Exhaust Manifold
HE	Haupteinspritzung
Inj	Injektor
KW	Kühlwasser
L	Luft
Luft	Luftmasse gemessen
m	massenmittelt
me	mittel, effektiv
mi	mittel, indiziert
n	nach
NE	Nach-Einspritzung
v	vor
VE	Vor-Einspritzung

Lateinische Buchstaben

H_U	Unterer Heizwert	J/kg
I	Strom	A
Lst	stöchiometrischer Luftbedarf	-
T	Temperatur	K
m	Masse	kg
n	Stoffmenge	mol

n	Drehzahl	1/min
p	Druck	bar
P	Leistung	kW
Q	Wärme	J

Kurzfassung

Um auch in Zukunft die immer strenger werdenden Grenzwerte für Personenkraftwagen (Pkw) einhalten zu können, benötigt es eine kontinuierliche Weiterentwicklung der bestehenden Systeme. Vom Gesetzgeber werden sowohl die Schadstoffemissionen als auch die innerhalb des Flottenmittelverbrauchs limitierten Kohlenstoffdioxidemission (CO_2) restringiert. Insbesondere der Dieselmotor kann, aufgrund seiner überstöchiometrischen Prozessführung und dem damit verbundenen höheren Wirkungsgrad im Vergleich zum Ottomotor, einen signifikanten Beitrag leisten, die CO_2-Emissionen zu senken. Aus dieser Prozessführung resultiert gleichzeitig eine niedrige Abgastemperatur bei geringen Motorlasten, wodurch Herausforderungen für die Abgasnachbehandlung entstehen. Mit der Einführung der neuen Testverfahren, bestehend aus WLTC (Worldwide harmonized Light vehicles Test Cycle) und RDE (Real Driving Emissions), wurden die Anforderungen nochmals verschärft. Besonders bei der RDE-Prüfung kann es während der realen Straßenfahrt zu langen Phasen mit nur sehr geringer Drehmomentanforderung kommen. Um in diesen Bereichen mit geringer Abgastemperatur auch Stickoxide (NOx) reduzieren zu können, findet der NOx-Speicherkatalysator (NSK) seinen Einsatz. Dieser stellt durch abwechselnde Einspeicher- und Regenerationsvorgänge ein diskontinuierlich arbeitendes System dar. Die Einspeicherung erfolgt während des konventionellen dieselmotorischen Motorbetriebs bei Sauerstoffüberschuss. Für die anschließende Regeneration müssen dem NSK Reduktionsmittel bereitgestellt werden, die über einen unterstöchiometrischen Motorbetrieb erzeugt werden. Während des Regenerationsbetriebs wird mehr Kraftstoff eingespritzt als umgesetzt werden kann. Um diesen Vorgang auch bei geringen Motorlasten zu ermöglich, muss eine starke Ansaugluftandrosselung mit einer Nacheinspritzung kombiniert werden. Die Ansaugluftandrosselung führt bei geringer Motorlast zu einer sehr instabilen Verbrennung, weshalb die Motorlast nicht beliebig reduziert werden kann. Diese Begrenzung kann dazu führen, dass der NSK über einen sehr langen Zeitraum nicht regeneriert werden kann, was zu einem Durchbruch der NOx-Emissionen führt.

Um diesen Herausforderungen gerecht zu werden, untersucht diese Arbeit den Einsatz eines variablen Ventiltriebssystems. Hauptfokus liegt im Einsatz eines zweiten Auslassventihubs (AVH) zur Steigerung der internen Restgasrate. Dies führt zur Verbesserung der Zündbedingungen zum Haupteinspritzzeitpunkt. Die Verbesserung beruht auf der höheren Temperatur, dem höheren Druck und der höheren unverbrannten Kraftstoffmasse während des Kompressionstaktes. Die Untersuchungen erfolgen auf einem Motorenprüfstand an einem Vier-Zylinder-Dieselmotor mit zwei Liter Hubraum und einer anschließenden detaillierten thermodynamischen Analyse.

Die Arbeit besteht aus drei konsekutiven Hauptkapiteln. Während der ersten beiden wird detailliert auf das unterstöchiometrische Brennverfahren bei geringen Motorlasten eingegangen. Verschiedenste Einflussfaktoren werden mittels thermodynamischer Analysen erklärt. Das erste Hauptkapitel untersucht die Ansaugluftandrosselung des Dieselmotors und das Potenzial zur weiteren Luftmassenreduktion mittels variablen Ventiltriebs. Das zweite Hauptkapitel betrachtet wichtige Einflussparameter auf das unterstöchiometrische Brennverfahren mittels Variationsanalysen. Es findet eine Variation der internen Restgasrate, der Einspritzpfadparameter, der Luftpfadparameter, der Kühlwassertemperatur, des Verdichtungsverhältnisses und der Drehzahl statt. Dadurch können die Einflüsse der einzelnen Parameter auf das unterstöchiometrische Brennverfahren detailliert verstanden werden. Mit diesem Erkenntnisgewinn erfolgt im dritten Hauptkapitel eine Potenzialabschätzung für den realen Fahrbetrieb. Dabei wird gezeigt, dass eine NSK-Regeneration mit einer internen Restgasrate von 23 % bei einem effektiven Mitteldruck $p_{me} = 1$ bar und einer Drehzahl von 1500 1/min erfolgen kann. Somit ist eine Erweiterung des zur Regeneration nutzbaren Lastbereichs gegenüber dem konventionellen Ventiltrieb signifikant möglich. Außerdem bietet der variable Ventiltrieb bei höheren Drehmomenten die Möglichkeit, flexibel auf verschiedene Regenerationsanforderungen reagieren zu können.

Abstract

In order to comply with the increasingly stringent limits for pollutant emissions and CO_2 (Carbon Dioxide) emissions, continuous further development of the existing systems is required. The diesel engine in particular can make a significant contribution to reducing CO_2 emissions due to its lean combustion process and therefore its higher efficiency compared to the gasoline engine. At the same time, this combustion process leads to a lower exhaust gas temperature at low engine loads, which poses challenges for exhaust gas aftertreatment. With the introduction of the new test procedure, consisting of the Worldwide harmonized Light vehicles Test Cycle (WLTC) and the Real Driving Emissions (RDE), the requirements have been tightened again. Especially during the RDE test, long phases with only very low torque requirements can occur in real road operation. In these areas with low exhaust gas temperatures, the Lean NOx Trap (LNT) is used to reduce nitrogen oxides (NOx). The LNT represents a discontinuously working system. It has a storage and a regeneration mode. The NOx emissions are stored during conventional lean diesel engine operation with excess oxygen. Reducing agents must be provided to the LNT for regeneration. These are generated by a rich engine operation, during which more fuel is injected than can be oxidized. When the engine load is low, the air throttling leads to very unstable combustion, which is why the engine load cannot be reduced at will. This limitation can mean that the LNT cannot be regenerated for a very long period of time, which leads to a breakthrough in NOx emissions.

In order to solve this challenge, the use of a variable valve train system is examined in this thesis. The main focus is on using a second exhaust valve lift to increase the internal residual gas rate. This increase leads to an improvement of the ignition conditions at the main injection point due to the higher temperature and the higher pressure during the compression stroke. The tests are carried out on a two-liter four-cylinder diesel engine on the engine test bench with a subsequent detailed thermodynamic analysis.

In the first part, basic investigations are carried out into the throttling potential of the test engine. It is shown that the air mass can be significantly reduced using the second exhaust valve lift, see Figure 1. The recirculated exhaust gas improves the starting conditions in the cylinder due to the higher temperature and pressure. Starting from the lowest air mass, it is investigated how far the air-to-fuel ratio can be reduced with only one active main injection. Without a second exhaust valve lift, the air-to-fuel ratio is limited by the maximum pressure gradient. A rich air-to-fuel ratio cannot be achieved with the lowest air mass. If the internal residual gas rate is high, a rich air-to-fuel ratio can be achieved. However, the exhaust gas temperature is so low that rich operation with only one main injection and minimal air mass is unsuitable for LNT regeneration. Therefore, at least two injections are required for a rich operating mode at low engine loads. It also becomes clear that when using high residual gas rates, the best possible LNT regeneration strategy does not have to be with the lowest air mass. Another aspect of LNT regeneration is the dynamic change of operating mode. The change from the regular lean operation to the rich regeneration operation is particularly critical. A warm-up behavior that occurs after the operating mode change has been initiated can be clearly seen.

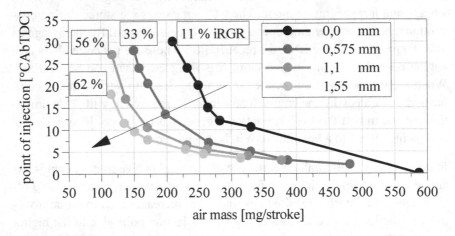

Figure 1: Potential for air mass reduction at different second exhaust valve lifts

In the second part, extensive investigations are carried out to describe the rich combustion process at very low engine loads. A double injection strategy is used because this is the minimum number required for rich operation at low engine loads for LNT regeneration. In order to work out individual influences, only one parameter is changed per variation. The rich operation is initiated via a dynamic change of operating mode. The investigations show that there is already a feedback from the post injection to the main injection without an active second exhaust valve lift. This means that the conversion behavior of the post injection has an influence on the conversion behavior of the main injection. At the same time, there is a warm-up behavior after the change in operating mode has been initiated. With increasing internal residual gas rates, the influence of the conversion behavior of the post injection on the main injection increases. With the same main injection timing and mass, post injection must take place earlier for complete conversion. In Figure 2 the ECU (Engine Control Unit) settings are identical, only the second exhaust valve lift varies via an external valve train control unit.

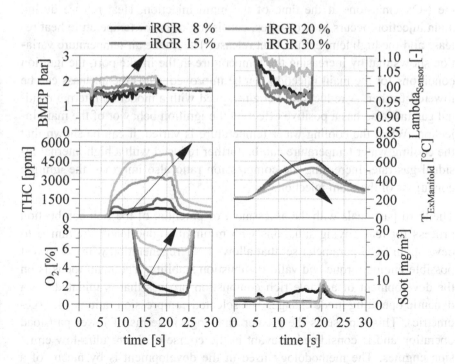

Figure 2: 1500 rpm, measured quantities iRGR variation, constant ECU settings, varied second exhaust valve lift

The different residual oxygen levels can be clearly seen, although the air mass and the injected fuel mass are identical. The range of the injection timing becomes smaller as the residual gas rate increases. If the post injection timing is not adjusted, it results in irregular ignition or no ignition at all. The warm-up phase becomes increasingly critical as the engine load decreases. The conversion behavior of the post injection strongly depends on the unburned fuel components remaining from the main injection and on the oxygen mass to total cylinder mass ratio. The individual parameter variations of the injection and air path parameters show in detail the influence on the combustion process. With the small engine loads present here, even small deviations in the injection timing or in the fuel mass have a major influence on the combustion process. It is also shown that with a sufficient residual gas rate at the time of the post injection, the soot emissions can be suppressed due to the lower local temperature level, see Figure 2. The same applies to the NOx emissions at the time of the main injection. Heat release during main injection occurs in two stages, consisting of a low temperature heat release and the high temperature heat release. The intake air temperature variation shows that by increasing the temperature in the intake port, the ignition conditions for the main injection can be improved. Thus the air mass can be lowered further. A reduction in engine speed with a moderate internal residual gas rate also has a positive effect on the ignition behavior of the main injection. When the cooling water temperature is varied, it can be shown that the cooling water temperature can be further reduced with a high internal residual gas rate. Increasing the compression ratio also improves the ignition conditions of the main injection.

The third part deals with the assessment of potential of the rich combustion process for real driving situations with minimal engine load. The aim is to develop an ECU parameter set that allows LNT regeneration with the lowest possible engine torque and valid combustion stability. The main focus is on the development of a stable rich combustion process that is initiated via a dynamic operating mode change. The selected compression ratio is 14,8 (geometric). This represents the greater challenge in terms of lower part-load operation and is considered relevant in the course of future ultra-low emission engines. The methodology used in the development is by means of a partial factorial approach with iteration loops. Two sets of parameters are developed, one for the conventional valve lift timing and one for the valve train configuration with second exhaust valve lift. With an engine speed of 1500 rpm and 23 % internal residual gas rate, an brake mean effective pressure (BMEP) of one bar can be achieved, see Figure 3. This corresponds to an indicated mean effective pressure (IMEP) of 1,6 bar. The standard deviation of the indicated mean effective pressure is 0,15 bar.

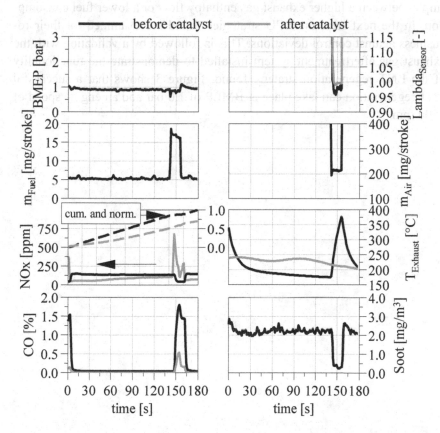

Figure 3: 1500 rpm, multiple injection strategy with minimum BMEP with mounted catalyst, 2nd exhaust valve lift 0,575 mm

The effective motor power is approx. 2,5 kW. Without the variable valve train and without external EGR, a minimum brake mean effective pressure of

1,5 bar can be achieved. In the case of engine load requirements above 1,0 bar BMEP, the variable valve train represents a new degree of freedom. Engine loads that are above 1,0 bar BMEP can now be set in various ways. For example, a torque increase can take place via a fuel mass redistribution with the same air mass or by an air mass increase. This makes it possible to react very quickly to different driving situations. A decision can be made, for example, between a higher exhaust gas enthalpy flow or a lower fuel consumption. In the next step, the ECU strategies found are examined for their robustness against control deviations. This is followed by a validation with the exhaust gas aftertreatment system installed to demonstrate the functionality of the LNT regeneration strategy found. Figure 3 shows that a successful LNT regeneration can take place at BMEP of 1,0 bar and an engine speed of 1500 rpm.

1 Einleitung und Motivation

Ein Blick in die aktuellen Zahlen der neu zugelassenen Personenkraftwagen in Deutschland genügt, um die Relevanz des Dieselmotors darzustellen. Zulassungszuwächse sind vor allem in den höheren Leistungsklassen wie den SUVs zu verbuchen. Gleichzeitig werden in Form von Flottenmittelverbräuchen immer strenger werdende CO_2-Grenzwerte des Gesetzgebers auferlegt. Der Dieselmotor kann auch in Zukunft einen wichtigen Beitrag leisten, diese einzuhalten [1]. Betrachtet man die zwei weitverbreitetsten Antriebsarten des Diesel- und Ottomotors, so besitzt der Dieselmotor deutliche Wirkungsgradvorteile, was sich in einem niedrigeren Kraftstoffverbrauch und damit einhergehend einer niedrigeren Kohlenstoffdioxidemission äußert. Neben dem Kohlenstoffdioxidausstoß müssen die gültigen Abgasnormen zur Reduzierung von Schadstoffemissionen eingehalten werden. Auch hier kommt es zu immer strenger werdenden Grenzwerten. Im Zuge der jüngsten Verschärfung wurden die „Real-Driving-Emissions" eingeführt, wobei die Ermittlung der Schadstoffemissionen mit portablen Messgeräten während realer Straßenfahrten erfolgt. Bei stöchiometrisch betriebenen Ottomotoren kann der Dreiwegekatalysator zur effizienten Reduzierung der Schadstoffemissionen HC, CO und NOx eingesetzt werden. Aufgrund der überstöchiometrischen Betriebsweise des Dieselmotors können an einem Dreiwegekatalysator die NOx-Emissionen nicht reduziert werden. Jedoch zeigen kürzlich durchgeführte Arbeiten eindrucksvoll, dass die aktuellen NOx-Emissionsgrenzwerte mit moderner Technik deutlich unterschritten werden können [2] [3] [4]. Alle der hier referenzierten Arbeiten nutzen zur NOx-Reduktion unter anderem einen NOx-Speicherkatalysator (NSK). Dieser besitzt besonders bei geringeren Abgastemperaturen die Fähigkeit, erhebliche Mengen NOx einspeichern zu können. Aufgrund der Funktionsweise bildet der NOx-Speicherkatalysator ein diskontinuierlich arbeitendes System. Dieser arbeitet in einer Einspeicher- und einer Regenerationsphase. Während der Einspeicherung werden die Stickoxide gespeichert. Sind alle Speicherplätze belegt, muss der NSK regeneriert werden. Für die Regeneration müssen dem NSK Reduktionsmittel in Form von unterstöchiometrischem Abgas bereitgestellt werden. Dies geschieht über eine starke Ansaugluftandrosselung in Kombination mit einer

Nacheinspritzung. Besonders bei geringen Motorlasten ist dieser Motorbetrieb aufgrund der geringen Verbrennungsstabilität kritisch. Für den Regenerationsbetrieb ist folglich eine gewisse Mindestmotorlast erforderlich. Wird diese unterschritten, kann keine Regeneration ausgeführt werden oder eine aktive Regeneration kommt zum Abbruch. Daraus würde bei einem voll beladenen NSK ein NOx-Durchbruch resultieren. Eine weitere Freigabebedingung zur Einleitung einer NSK-Regeneration ist die Temperatur innerhalb des NSKs. Ist diese zu gering, darf die Regeneration aufgrund der langsamen Reduktionsreaktionen nicht eingeleitet werden. Dadurch ergeben sich zwei begrenzende Kriterien für die Ausführung einer NSK-Regeneration, zum einen die Motorlast und zum anderen das Abgastemperaturniveau. Genau diese beiden Bedingungen können während des Stadtanteils innerhalb der „RDE"-Zertifizierung für einen relativ langen Zeitraum unterschritten werden. Um diesen Zeitraum zu verkürzen und die Regeneration in einem erweiterten Motorlastbereich durchführen zu können, wird im Zuge dieser Arbeit der Einsatz eines variablen Ventiltriebsystems untersucht. Dabei konkurriert das variable Ventiltriebssystem mit dem Hybridisierungsgrad des Fahrzeugs. Je höher der Elektrifizierungsgrad, desto geringer sollte die Systemkomplexität der Verbrennungskraftmaschine und die damit einhergehenden Kosten sein. Bei der Betrachtung von aufstrebenden Märkten, wie z.B. Indien, wird hier jedoch der Bedarf nach einem anderen Anforderungsprofil deutlich. Besonders solche Märkte benötigen durch den vorherrschenden Kostendruck, geringere Lastprofilanforderungen, aufgrund der hohen urbanen Anteile, und der schlechteren Straßen andere Lösungen [5]. Besonders dort wird dem NOx-Speicherkatalysator hohes Potenzial zugesprochen [5]. Um auch bei geringeren Lastprofilen ohne Hybridisierung regenerieren zu können, bietet ein einfach aufgebauter variabler Ventiltrieb eine gute Möglichkeit.

2 Stand der Technik

2.1 Dieselmotorische Grundlagen

2.1.1 Konventionelles dieselmotorisches Brennverfahren

Bei modernen Viertakt-Pkw-Dieselmotoren wird der Kraftstoff zum Ende des Kompressionstaktes über einen Injektor direkt in den Brennraum eingebracht. Dort kommt es aufgrund des vorherrschenden Druckes und der Temperatur zu einer Selbstzündung des Dieselkraftstoffs. Für die Bereitstellung des Einspritzdruckes finden heutzutage Common-Rail-Systeme die weiteste Verbreitung. Diese besitzen den Vorteil, dass die Druckerzeugung entkoppelt von dem Einspritzereignis ist. Dadurch werden variable Mehrfacheinspritzungen möglich.

Der eigentliche Verbrennungsablauf kann beim konventionellen dieselmotorischen Brennverfahren in drei Phasen eingeteilt werden [6]. Zunächst erfolgt die initiale vorgemischte Verbrennung. In dieser Phase verbrennt der sich während der Zündverzugszeit vorgemischte Dieselkraftstoff sehr schnell. Dabei stellt die chemische Reaktionsgeschwindigkeit den limitierenden Faktor dar. Im Anschluss an diese Phase erfolgt die Hauptverbrennung. Diese ist mischungskontrolliert und hängt daher stark von den Gemischbildungsparametern ab. Hier laufen mehrere zur Gemischbildung beitragende Prozesse gleichzeitig ab. Dazu gehören unter anderem die fortlaufende Einspritzung, der Strahlaufbruch, die Tropfenverdampfung, die Luftdurchmischung und die eigentliche Verbrennung. Ein konzeptionelles Modell der Dieselverbrennung unter Laborbedingungen wird in [7] und [8] beschrieben. Abschließend erfolgt die Phase der Nachverbrennung. Diese kennzeichnet sich dadurch aus, dass die Einspritzung abgeschlossen ist und kein zusätzlicher Impuls mehr eingebracht wird. Die Verbrennung ist in dieser Phase, aufgrund der Abwärtsbewegung des Kolbens und der sinkenden Temperaturen, wieder chemisch kontrolliert. [6]

© Der/die Autor(en), exklusiv lizenziert durch
Springer Fachmedien Wiesbaden GmbH, ein Teil von Springer Nature 2022
M. Brotz, *NOx-Speicherkatalysatorregeneration bei Dieselmotoren mit variablem Ventiltrieb*, Wissenschaftliche Reihe Fahrzeugtechnik Universität Stuttgart,
https://doi.org/10.1007/978-3-658-36681-0_2

Die Gemischbildung hat maßgeblichen Einfluss auf den Ablauf der Verbrennung. Eine erste Einteilung erfolgt hierbei in Luft- und Kraftstoffpfadparameter. Innerhalb beider Kategorien gibt es eine Vielzahl von Unterparametern und Einflussmöglichkeiten. Zu den Luftpfadeinflussmöglichkeiten zählen beispielsweise die Ladungsbewegung, die Abgasrückführrate und das Aufladesystem. Jeder dieser übergeordneten Begriffe beinhaltet eine Vielzahl an weiteren Unterpunkten, welche die Gemischbildung beeinflussen. Unter den Begriff der Ladungsbewegung fallen beispielsweise die Drall- und die Quetschspaltströmung. Diese werden wiederum durch eine Vielzahl an Stellgrößen beeinflusst. Die Drallströmung kann beispielsweise durch die konstruktive Auslegung der Einlasskanäle oder einer Einlasskanalabschaltung beeinflusst werden. Der Kraftstoffpfad bietet ebenfalls zahlreiche Einflussmöglichkeiten auf die Gemischbildung. Zu diesen gehören unter anderem die Düsenparameter, der Einspritzverlauf, die Anzahl der Einspritzungen, der Einspritzdruck und die Kraftstoffart. Die Luft- und Kraftstoffpfadparameter müssen immer aufeinander abgestimmt sein. Eine detaillierte Untersuchung und Einteilung einzelner Gemischbildungsparameter auf das dieselmotorische Brennverfahren beschreibt Fritzsche [9] in seiner Arbeit. Die grundlegenden Wirkmechanismen sind in einer Vielzahl von Lehrbüchern beschrieben [6] [10] [11]. Besonders wichtig für das Verständnis der Gemischbildung ist der Kraftstoffstrahlaufbruch. Hierbei kommt es nach Austritt aus dem Düsenloch zuerst zu einem Primärzerfall und mit weiterem Abstand vom Düsenloch zu einem Sekundärzerfall [12]. Der Primärzerfall – die Auflösung des zusammenhängenden Brennstoffstrahls in Ligamente und Tropfen – wird bereits durch die Vorgänge der Düseninnenströmung beeinflusst. Der Sekundärzerfall beschreibt den weiteren Zerfall von bestehenden Tropfen in kleinere Tropfen aufgrund der Relativgeschwindigkeit zwischen Tropfen und Umgebung [6]. Die Bedingungen der Umgebung werden wiederum durch die Luftpfadparameter eingestellt.

Der Betrieb des konventionellen Dieselbrennverfahrens erfolgt bei einem global überstöchiometrischen Verbrennungsluftverhältnis. Dies bedeutet, dass für die vollständige Verbrennung des Kraftstoffs mehr Luft zur Verfügung steht als benötigt. Somit sind gute Wirkungsgrade auch im Teillastbetrieb erreichbar, da keine Androsselung erfolgen muss. Auf der anderen Seite wird durch den überstöchiometrischen Betrieb die Abgasnachbehandlung erschwert. Aufgrund des überstöchiometrischen Verbrennungsluftverhältnisses und des im Abgas enthaltenen Sauerstoffs kann kein Dreiwegekatalysator eingesetzt werden. Im Folgenden wird kurz auf die wichtigsten Schadstoffe eingegangen und deren Entstehung beschrieben.

Kohlenmonoxid CO

Kohlenmonoxid entsteht als Zwischenprodukt bei der Verbrennung von Kohlenwasserstoffen. Während der konventionellen dieselmotorischen Verbrennung kann es zu lokalem Luftmangel und einer unzureichenden Oxidation kommen. Die wichtigste Oxidationsreaktion von CO zu CO_2 ist in Gl. 2.1 dargestellt [6].

$$CO + OH \leftrightarrow CO_2 + H \qquad \text{Gl. 2.1}$$

Die CO-Oxidation ist abhängig von den vorhandenen OH-Radikalen und besitzt eine geringere Reaktionsrate als die Reaktion von OH-Radikalen mit Kohlenwasserstoffen. Deshalb setzt sie größtenteils erst nach einer Oxidation des Brennstoffs zu Zwischenspezies ein. Im unterstöchiometrischen Betrieb konkurriert die CO-Oxidation mit der Wasserstoff-Oxidation. Für diese steht im unterstöchiometrischen Betrieb nicht mehr genug Sauerstoff für die Oxidation zur Verfügung und der Wasserstoff reagiert, wie in Gl. 2.2 zu sehen, ebenfalls mit den OH-Radikalen [6].

$$H_2 + OH \leftrightarrow H_2O + H \qquad \text{Gl. 2.2}$$

Bei stöchiometrischem Luftverhältnis lässt sich der kombinierte Vorgang beider Reaktionen als Wassergas-Shift-Reaktion beschreiben. Bei sehr hohem überstöchiometrischem Verbrennungsluftverhältnis nehmen die CO-Emissionen, aufgrund der unvollständigen Verbrennung in wandnahen Bereichen und der niedrigeren Temperaturen, wieder zu. [6]

Kohlenwasserstoffe HC

Kohlenwasserstoffemissionen entstehen überall, wo der Kraftstoff nicht vollständig oxidiert werden kann. Das vorherrschende Temperaturniveau hat starken Einfluss auf die Oxidation. Ist dies zu niedrig, können die Kohlenwasserstoffe nicht oder nur teilweise oxidiert werden. Geringe Temperaturen entstehen beispielsweise im unteren Teillastbereich bei sehr hohen Luftverhältnissen. Auch eine unzureichende Vermischung von Luft und Kraftstoff während der Gemischbildung kann zu Kohlenwasserstoffemissionen führen. Eine weitere Ursache für Kohlenwasserstoffemissionen ist das Auftreffen von flüssigem Kraftstoff an Bauteilen im Brennraum wie dem Kolben oder der Brennraumwand. Weiterhin kann unverbrannter Kraftstoff in den Düsenlöchern des Injektors verbleiben. Dieser kann in der Expansionsphase verdampft, aber nicht mehr vollständig oxidiert werden. Bei unterstöchiometrischem Luftverhältnis entstehen Kohlenwasserstoffe aufgrund mangelnder Oxidationsmittel. [11]

Stickoxidemissionen NOx

Bei Dieselmotoren entsteht hauptsächlich NO und NO_2, welche zusammenfassend als NO_x (Stickoxide) bezeichnet werden. Unter motorischen Bedingungen stellt NO den Großteil der gebildeten NO_x-Emissionen dar. Dieses wird nach längerer Verweildauer unter atmosphärischen Bedingungen zu NO_2 umgewandelt. Die Bildung von Stickoxiden kann auf unterschiedlichen Entstehungsmechanismen beruhen. Dabei ist der wichtigste Mechanismus die Bildung von thermischem NO. Die bedeutendsten Elementarreaktionen sind folgend aufgeführt [11]:

$$O_2 \leftrightarrow 2 \cdot O \qquad\qquad \text{Gl. 2.3}$$

$$N_2 + O \leftrightarrow NO + N \qquad\qquad \text{Gl. 2.4}$$

$$O_2 + N \leftrightarrow NO + O \qquad\qquad \text{Gl. 2.5}$$

$$OH + N \leftrightarrow NO + H \qquad\qquad \text{Gl. 2.6}$$

Grundvoraussetzung zum Ablauf der Reaktionen ist atomarer Sauerstoff. Dieser entsteht oberhalb von 2200 K aus molekularem Sauerstoff (Gl. 2.3). Dies zeigt, warum für die NOx-Entstehung hohe lokale Spitzentemperaturen und überschüssiger Sauerstoff wichtig sind. Im weiteren Verlauf folgen die beiden Zeldovich-Reaktionen (Gl. 2.4 und Gl. 2.5). Aus Gl. 2.4 geht hervor, dass bei vorhandenem elementarem Sauerstoff NO und N entsteht. Im nächsten Schritt (Gl. 2.5) reagiert der Stickstoff mit Sauerstoff zu NO und O.

Daraufhin kann mit dem entstandenen molekularen Sauerstoff Gl. 2.4 erneut ablaufen. In brennstoffreichen Zonen entsteht NO über Gl. 2.6. Der zweitwichtigste Mechanismus zur Bildung von NO stellt der Fenimore-Bildungsmechanismus oder auch Promptes NO genannt dar. [6] [11]

Die weitverbreitetste Methode zur Reduzierung der Stickoxidemissionen ist der Einsatz der Abgasrückführung (AGR). Im Kontext des Dieselmotors findet die externe Abgasrückführung die häufigste Verwendung, wobei zwischen Hoch- und Niederdruck-AGR unterschieden wird. Die Hochdruck-AGR wird vor der Turbine entnommen und nach dem Verdichter wieder zurückgeführt. Die Niederdruck-AGR wird nach der Turbine entnommen und vor dem Verdichter wieder zurückgeführt. Für die Reduzierung der Stickoxidemissionen sind zwei Effekte verantwortlich, die beide dafür sorgen, dass die NO-Bildung nach dem Zeldovich-Reaktionsmechanismus abgeschwächt wird. Der abgesenkte Sauerstoffgehalt und die geringere Brenngeschwindigkeit führen zu geringeren lokalen Spitzentemperaturen. Es muss vergleichsweise mehr Masse durch die Flammenfront transportiert werden. Zusätzlich steht durch das zurückgesaugte Abgas und die enthaltenen Verbrennungsprodukte Wasserdampf und Kohlenstoffdioxid (3-atomige Gase) eine höhere spezifische Wärmekapazität, im Vergleich zu reiner Frischluft, zur Verfügung. Gleichzeitig kommt es mit zunehmenden AGR-Raten zu steigenden Rußemissionen. Hierbei entsteht ein Zielkonflikt zwischen NOx-Emissionen und Rußemissionen. [11] [13]

Partikel

Unter dem Sammelbegriff Partikelemissionen wird die Gesamtmasse von Feststoffen und angelagerten flüchtigen oder löslichen Bestandteilen zusammengefasst [11]. Hauptbestandteil sind elementarer Kohlenstoff, Kohlenwasserstoffe und Sulfate [6]. Die Entstehungsprozesse sind physikalisch und chemisch sehr komplex und konnten bis heute in vielen Details nicht vollständig verstanden werden. Nach heutigem Verständnis besitzen sie den folgenden Ablauf: Zuerst erfolgt eine chemische Reduktion der Brennstoffmoleküle unter sauerstoffarmen Bedingungen. Danach kommt es zur Bildung von polyzyklischen aromatischen Kohlenwasserstoffen. Im Anschluss erfolgt die Nukleation, also die Kondensation und Bildung von Rußkernen. Bei diesen kommt es zu Oberflächenwachstum und Koagulation. Dabei werden aus den Rußkernen Rußprimärteilchen. Diese wiederum schließen sich zu langen kettenförmigen Strukturen durch Agglomeration zusammen. Im Anschluss daran kann eine Verkleinerung der Rußteilchen durch Oxidation mit Sauerstoff und OH-Radikalen erfolgen [6]. Der Einfluss der Temperatur, welche die Rußentstehung begünstigt, ist schwer abzuschätzen. Eine hohe Temperatur wirkt sowohl auf die Rußbildung, als auch auf den Rußabbau [6]. Ein Großteil des entstandenen Rußes wird im Laufe der Verbrennung wieder oxidiert. Die gemessene Partikelmenge entspricht nur ca. 1-10 % der gebildeten Partikel. Der kritische Temperaturbereich für die Entstehung der Rußemissionen liegt etwa zwischen 1500 K und 1900 K und einem lokalen Verbrennungsluftverhältnis kleiner 0,6. [6]

2.1.2 Alternative dieselmotorische Brennverfahren

In der Literatur findet sich eine Vielzahl alternativer Brennverfahren. Die wichtigsten drei alternativen Brennverfahren im Rahmen dieser Arbeit sind:

- Homogeneous Charge Compression Ignition (HCCI)

- Homogeneous Charge Late Injection (HCLI)

- Low Temperature Combustion (LTC), auch bekannt unter Dilution Controlled Combustion System (DCCS)

Eine detaillierte Untersuchung mit Einzelparametervariationen dieser drei Brennverfahren nahm [14] in seiner Arbeit vor. Weitere Arbeiten, die sich mit der experimentellen Untersuchung homogener und teilhomogener Dieselbrennverfahren befassen, sind [15] [16] [17]. Die ersten beiden aufgezählten Brennverfahren zielen auf eine hohe Gemischhomogenisierung ab. In der Modellvorstellung liegt ein homogenes Grundgemisch vor, welches an unendlich vielen Stellen im Brennraum selbst zündet. Dies wird in der Realität durch eine inhomogene Temperaturverteilung im Brennraum und ein nicht vollkommen homogenisiertes Kraftstoff-/Luftgemisch eingeschränkt [18]. Durch den hohen Homogenisierungsgrad kann die Ruß- und Stickoxidentstehung unterdrückt werden. Dabei ist die Homogenisierung bei der HCCI Verbrennung sehr abhängig von der Brennraumform und weniger vom erzeugten Drallniveau. Untersuchungen hierzu nahmen [19] und [20] vor. Der

Mechanismus, der hinter der niedrigen Ruß- und Stickoxidemission steckt, ist dabei das Ausbleiben hoher lokaler Flammentemperaturen aufgrund der an vielen Stellen gleichzeitigen homogenen Selbstzündung [14]. Dabei unterscheiden sich die Brennverfahren HCCI und HCLI in ihrer Gemischhomogenisierung. Beim HCCI-Brennverfahren erfolgt die Gemischbildung zu einem sehr frühen Zeitpunkt z. B. im Ansaugtakt oder sogar im Einlasskrümmer, während sie beim HCLI-Brennverfahren über eine Direkteinspritzung während des Kompressionstaktes erfolgt. Die große Herausforderung beim HCLI-Brennverfahren ist, eine gute Gemischhomogenisierung und eine möglichst geringe Kraftstoffbenetzung an Bauteilen zu erreichen. Für die Unterdrückung der Kraftstoffbenetzung an Bauteilen und die Steigerung der Gemischhomogenität gab es eine Vielzahl an Untersuchungen, wie beispielsweise von [21] [22]. Sie untersuchten die Verwendung mehrerer Injektoren. Diese wurden so angeordnet, dass die Wandbenetzung unterdrückt werden sollte und eine möglichst hohe Gemischhomogenisierung erreicht wird. Auch Untersuchungen mit verschiedenen Düsenkonfigurationen mit verschiedenen Spritzwinkeln wurden durchgeführt, unter anderem von [23] [24]. Zusätzlich kann es beim HCLI-Brennverfahren dazu kommen, dass für eine vollständige Rußunterdrückung eine relativ hohe AGR-Rate benötigt wird [14]. Zur Steuerung der homogenen Brennverfahren besitzt unter anderem die AGR-Rate eine große Bedeutung. Die Effekte der AGR auf homogene und teilhomogene Brennverfahren untersuchte unter anderem [25]. Typisch für homogene und teilhomogene Brennverfahren ist eine zweistufige Wärmefreisetzung, welche aus einer Niedertemperaturverbrennung, auch als „Cool Flame" bezeichnet, und einer Hochtemperaturverbrennung -„Hot Flame"- besteht (siehe Abbildung 2.1). Der Übergangsbereich wird als NTC-Bereich bezeichnet. NTC steht hierbei für „Negative Temperature Coefficient", also negativer Temperaturkoeffizient. In diesem Bereich nimmt die Reaktionsgeschwindigkeit trotz steigender Brennraumtemperaturen ab [26].

Der Grund für diesen zweistufigen Verlauf liegt in den unterschiedlichen chemischen Reaktionspfaden bei Temperaturen unter und über ca. 850 K [27]. Bei der Niedertemperaturreaktion laufen zunächst eine O_2-Addition und eine Isomerisierung ab. Bei einer Temperaturerhöhung über 850 K kommt es bevorzugt zu Dissoziation, was zu einem anderen Reaktionspfad führt. Dadurch bricht die Niedertemperaturreaktion ab und der NTC-Bereich beginnt. Der Reaktionspfad der Hochtemperaturreaktion fängt an abzulaufen. Jedoch kommt es erst bei einer weiteren Temperatursteigerung auf über ca. 1000 K zu einer Zerfallsreaktion von Wasserstoffperoxid. Diese wird benötigt, damit es zur schnellen Umsetzung der Hydroxylradikale kommen kann. Damit setzt die Hauptwärmefreisetzung ein, gleichzeitig endet der NTC-Bereich [18] [27]. Die chemischen Reaktionspfade sind in [27] und [28] beschrieben.

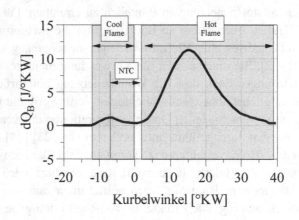

Abbildung 2.1: zweistufige Wärmefreisetzung nach [18]

Das LTC-Brennverfahren unterdrückt die Ruß- und Stickoxidemissionen über die Absenkung der lokalen Verbrennungstemperaturen unter die Grenztemperatur, die für die Ruß- und Stickoxidemissionen verantwortlich ist. Umgesetzt wird dies mittels extremer Ladungsverdünnung über eine sehr hohe Abgasrückführrate. Vorgestellt wurde dieses Konzept in [29]. Abbildung 2.2 zeigt die schematische Darstellung der wichtigen Bereiche im ϕ-T-Diagramm, die für die Ruß- und NO-Entstehung verantwortlich sind. Eine Einordnung verschiedener Verbrennungsführungen in diesem Diagramm unternahm [14]. Die Diffusionsverbrennung beim konventionellen dieselmotorischen Brennverfahren durchläuft lokal immer Bereiche, in denen Ruß entsteht und Stickoxid produziert wird [30]. Bei alternativen Brennverfahren ist das Ziel, diese Bereiche zu umgehen. Bei der LTC-Verbrennung wird versucht, diesen Bereich zu geringeren lokalen Verbrennungstemperaturen zu verschieben. So kann beispielsweise auch bei global unterstöchiometrischem Verbrennungsluftverhältnis die Rußentstehung unterdrückt werden [31]. Ein solches Brennverfahren zur NOx-Speicherkatalysatorregeneration untersuchte Sakai [32].

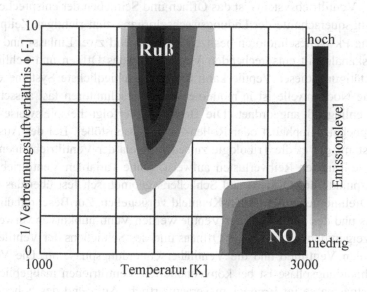

Abbildung 2.2: ϕ-T-Diagramm für lokale Bedingungen schematisch nach [29]

Besonders anspruchsvoll ist die Steuerung und Regelung der alternativen Brennverfahren. Da sie meist nur für den Teillastbetrieb geeignet sind, muss eine Betriebsartenumschaltung zu einem höheren Lastbereich erfolgen. Die Entwicklung solcher Regelstrategien für die Betriebsartenumschaltung für ein teilhomogenes Brennverfahren an einem seriennahen Pkw-Dieselmotor erfolgte in [33], [34], [35] und [36].

2.2 Variable Ventiltriebssysteme

2.2.1 Grundlagen

Ziel des Ventiltriebsystems ist das Öffnen und Schließen der entsprechenden Strömungsquerschnitte der Ladungswechselorgane zum richtigen Zeitpunkt. Moderne Pkw-Dieselmotoren besitzen überwiegend zwei Einlass- und zwei Auslasskanäle mit entsprechenden Ventilen für das Öffnen und Schließen. Die Betätigung dieser Ventile kann über unterschiedlichste Systeme erfolgen. Die Nockenwelle ist in modernen Pkw-Dieselmotoren fast ausschließlich obenliegend angeordnet. Die Betätigung erfolgt beispielsweise über Schlepphebel, Kipphebel oder Rollen- oder Tassenstößel. Bei der Auswahl des Systems gilt es die Tribologie zu beachten, da der Ventiltrieb einen großen Anteil an den Reibverlusten aufweist. Ohne variablen Ventiltrieb sind die Zeitpunkte des Öffnens und Schließens geometrisch fest über das komplette Drehmomenten-Drehzahl-Kennfeld vorgegeben. Zur Beschreibung des Öffnens und des Schließens der Ventile werden Ventilhubkurven verwendet. Diese zeigen den Zeitpunkt des Öffnens und des Schließens der Ventile, den maximalen Ventilhub und die Ventilüberschneidungsphase an. Die Ventilüberschneidungsphase ist bei konventionellen Ventiltrieben maßgeblich für die Restgasmasse im Brennraum verantwortlich. Aufgrund des hohen Verdichtungsverhältnisses und des geringen Abstands von Kolben zu Zylinderkopf ist diese bei konventionellen Dieselmotoren eher gering. Die detaillierte Funktionsweise und der Aufbau verschiedener Ventiltriebssysteme ist in [37] beschrieben.

Variable Ventiltriebssysteme finden heute einen breiten Anwendungsbereich bei Verbrennungsmotoren. Vor allem bei Ottomotoren entsprechen sie dem Stand der Technik in Serienanwendungen. Dort werden sie für die Füllungsmaximierung bei Volllast, die Entdrosselung im Teillastbetrieb, die Restgassteuerung, den spülenden Ladungswechsel (Scavenging) und die dynamische Temperaturabsenkung verwendet. Bei Dieselmotoren liegt der Anwendungsbereich in der Ladungsbewegungserzeugung, der Reduzierung des effektiven Verdichtungsverhältnisses und der Erhöhung der Abgasenthalpie für die Abgasnachbehandlungssysteme [37]. Ebenfalls kommen variable Ventiltriebe für die Steuerung alternativer Brennverfahren zum Einsatz.

2.2.2 Dieselmotorische Anwendungsfälle zweiter AVH

Verschiedenste Einflüsse des variablen Ventiltriebs zur Optimierung des dieselmotorischen Teillastbetriebs untersuchte [38] in seiner Arbeit. Dazu gehören ein frühes Einlassschließen, ein spätes Einlassöffnen, eine Phasenverstellung der Einlassseite und eine Einlassventilabschaltung. Auf der Auslassseite wurde die interne Abgasrückführung mittels der variablen Auslasssteuerung, einer Kombination aus variabler Einlass- und Auslasssteuerung und einer Phasenverstellung untersucht. Zusätzlich wurde die interne Abgasrückführung über die zwei Varianten des Vorlagerns von Abgas im Saugrohr und des Rücksaugens aus dem Auslasskanal, das in dieser Arbeit als zweiter Auslassventilhub (zweiter AVH) bezeichnet wird, betrachtet. Für das Rücksaugen aus dem Auslasskanal zeigte sich, dass dadurch die Ausbildung einer Drallströmung der in den Brennraum einströmenden Frischluftmasse behindert wird [38]. Dies führt zu einer schlechteren Gemischaufbereitung und einer negativen Beeinflussung des Ruß/NOx-Zielkonflikts [38]. Das Potenzial wurde an Teillastbetriebspunkten im stationären Betrieb ermittelt und hinsichtlich der Emissionen Ruß und NOx sowie des Wirkungsgrades beurteilt. [38]

Die Verwendung des zweiten Auslassventilhubs zur Anhebung des Abgastemperaturniveaus in Bezug auf bessere Bedingungen für die Abgasnachbehandlungssysteme untersuchte Diezemann [39]. Dabei war eine kraftstoffneutrale Abgastemperaturanhebung um ca. 35 K möglich, die Rußemissionen verschlechterten sich jedoch etwas [39]. Auch zeigten die Ergebnisse, dass der zweite Auslassventilhub für die Abgastemperaturanhebung Vorteile gegenüber einem Öffnen des Einlassventils im Abgastakt besitzt.

Eine weitere Untersuchung für die Anhebung der Abgastemperatur im Niedrigstlastbereich unter Verwendung eines variablen Ventiltriebs zeigt [40]. Hierbei fand zunächst die Bewertung verschiedener Alternativen zur Ansaugluftdrosselung in einer 0D/1D-Simulation statt. Danach wurden die wichtigsten Strategien am Einzylindermotorenprüfstand untersucht. Zentraler

Bestandteil ist auch hier der Einsatz eines zweiten Auslassventilhubs. Dieser wird hierbei für die optimale Strategie auf der Einlassseite mit einer Konfiguration für ein frühes Einlassschließen der Einlassventile kombiniert. Abschließend konnte durch eine Fahrzyklussimulation ein Verbrauchsvorteil gegenüber herkömmlicher Heizstrategien in der Stadtphase des WLTC bestätigt werden [40]. Diese Untersuchungen wurden in [41] erweitert auf Vollmotorenuntersuchungen mit unterschiedlichen stationären Betriebspunkten und unterschiedlichen Motorkühlmitteltemperaturen. Neben den stationären Untersuchungen wurden dynamische Untersuchungen anhand eines dynamischen Stadtzyklus durchgeführt. Als variables Ventiltriebssystem kam das sogenannte eRocker System, das in [42] beschrieben ist, zum Einsatz. Die Stufen für den zweiten Auslassventilhub wurden innerhalb der Untersuchungen auf 0,9 mm und 1,5 mm festgelegt. Die Untersuchungen zeigen das Potenzial der Variabilität des Ventiltriebs. Unter der Verwendung eines zweiten Auslassventilhubs ergibt sich ein Verbrauchsvorteil im Stadtzyklus gegenüber konventioneller Heizstrategien. Die Roh-NOx-Emissionen und die Abgastemperatur nach Turbine werden konstant gehalten. Unter Verwendung eines zweiten Auslassventilhubs in Kombination mit kleinerem Einlassventilhub konnte der Verbrauchsvorteil nochmals gesteigert werden.

Simulative- und experimentelle Untersuchungen zur Restgassteuerung mit zweitem Auslassventilhub wurden in [43] durchgeführt. Für den experimentellen Teil werden zur Darstellung des zweiten Auslassventilhubs Nockenwellen mit Doppelnockenkontur verwendet. Diese ermöglicht einen zweiten Auslassventilhub von 3 mm. Die Untersuchungen zeigen, dass durch die geringer werdende Ladungswechselarbeit ein CO_2-Einsparpotenzial unter Verwendung des zweiten Auslassventilhubs bei gleichem NOx-Niveau, wie im Vergleich zu gekühlter externer AGR möglich ist. Zudem wird als Vorteile die schnellere Regelstrecke gegenüber der externen AGR aufgeführt. Dies wirkt sich positiv auf das transiente Verhalten aus. Zusätzlich zeigte sich ein hohes Abgastemperaturniveau. [43]

Eine experimentelle Untersuchung zur Generierung hoher interner Restgasraten unter Verwendung eines zweiten Auslassventilhubs erfolgte in [44]. Eingesetzt wurde das variable Ventiltriebssystem „FlexValve" der Fa. KSPG, siehe Anhang A2, [45]. Dieses wird auch im Rahmen dieser Arbeit verwendet und ermöglicht einen stufenlos einstellbaren zweiten Auslassventilhub. An stationären Teillastbetriebspunkten erfolgte eine Optimierung der Betriebsstrategie unter Verwendung des zweiten Auslassventilhubs und Benutzung einer Niederdruck-AGR, sowie eine weitere Optimierung unter Verwendung des zweiten Auslassventilhubs und einer Ansaugluftdrosselung. Dabei zeigte sich, dass mit zweitem Auslassventilhub die Abgastemperatur mit einem Verbrauchsvorteil gegenüber der Variante ohne zweiten Auslassventilhub angehoben werden kann. Weiterhin konnten unter Verwendung des zweiten Auslassventilhubs die Kohlenwasserstoffemissionen deutlich reduziert werden. Die Untersuchungen des Aufwärmverhaltens des Abgasnachbehandlungssystems zeigen mit zweitem Auslassventilhub ebenfalls ein vorteilhaftes Verhalten mit einem früheren Erreichen von 200 °C nach Dieseloxidationskatalysator. Darüber hinaus legten die Untersuchungen ein Potenzial bei der Verwendung interner Restgasraten für die NOx-Speicherkatalysatorregeneration bei geringen Motorlasten offen.

Eine weitere detaillierte simulative und experimentelle Untersuchung des zweiten Auslassventilhubs ist in [46] beschrieben. Der simulative Teil untersucht verschiedene Öffnungsstrategien des zweiten Auslassventilhubs. Dabei wird zwischen einem direkten Wiederöffnen des Auslassventils oder einer Pausenzeit zwischen dem Schließen und des Wiederöffnens des Auslassventils unterschieden. Im Niedrigstlastbetrieb ist bei beiden Öffnungsstrategien ein deutlich geringerer Ladungswechselverlust zu erkennen. Ein Unterschied der beiden Öffnungsstrategien ergibt sich in der zurückgesaugten Restgasmasse mit zunehmendem zweitem Auslassventilhub. Dabei tritt ein nicht lineares Verhalten auf. Die Prüfstandsmessungen zeigen, dass eine gleiche Abgastemperatur im Vergleich zur Basis mit Mehrfacheinspritzung unter Verwendung eines zweiten Auslassventilhubs mit geringerem Kraftstoffeinsatz erreicht werden kann. Außerdem wird die Verbrennungsstabilität bei geringeren Motorkühlwassertemperaturen erhöht. Bei sehr tiefen Betriebsbedingungen von -10 °C konnte zudem eine deutliche Reduktion der Kohlenwasserstoffe beobachtet werden. Auch im transienten Motorbetrieb zeigte sich ein Kraftstoffeinsparpotenzial zwischen 2,5 % und 7 %. [46]

Ein Vergleich zwischen einer kurzen Hochdruck-AGR-Strecke und interner AGR bei Verwendung einer LTC-Verbrennung findet sich in [47]. Die interne AGR wird über einen zweiten Auslassventilhub gesteuert und in Kombination mit einer Niederdruck-AGR (ND-AGR) ausgeführt. Als Referenz wurde die reine ND-AGR herangezogen. Ziel ist es, bei Verwendung des LTC-Brennverfahrens die HC- und CO-Emissionen, unter Beachtung des Partikelgrenzwertes, so gering wie möglich zu halten. Zusätzlich soll ein schnelles Ansprechverhalten, bezüglich der Regelung, im Vergleich zur ND-AGR ermöglicht werden. Es konnte gezeigt werden, dass mit abnehmender Motorlast das Potenzial der Reduktion von HC- und CO-Emissionen mittels interner Restgasrate im Vergleich zur kurzen Hochdruck-AGR aufgrund des höheren Temperaturniveaus zunimmt. Gleichzeitig nimmt bei höheren Lasten aufgrund dieses höheren Temperaturniveaus auch die Partikelemission zu. Um diese in einem größeren Lastbereich reduzieren zu können, wurde zusätzlich eine Ventiltriebskonfiguration mit einem variablen Einlass-Schließt-Zeitpunkt, um das effektive Verdichtungsverhältnis zu senken, eingesetzt. Dieses brachte einen zusätzlichen Vorteil bezüglich der Abgastemperaturanhebung, was gleichzeitig zu einem früheren Erreichen der Light-off-Temperatur führte. Auch die dynamische Regelung kann durch Verwendung des variablen Ventiltriebs aufgrund der kürzeren Regelstrecke, im Vergleich zu ND- und HD-AGR, verbessert werden. [47]

Darüber hinaus gibt es eine Vielzahl an Literatur, die das Potenzial des variablen Ventiltriebs bezüglich der Emissionen des Dieselmotors untersucht haben, z. B. [48], [49], [50], [51] und [52]. Die Regelung alternativer Brennverfahren mittels variablem Ventiltrieb werden beispielsweise in [53], [54] und [55] untersucht.

2.3 NOx-Speicherkatalysator

2.3.1 Funktionsweise des NOx-Speicherkatalysators

Aufbau und chemische Wirkweise des NOx-Speicherkatalysators

Als Trägermaterial von NOx-Speicherkatalysatoren (NSK) dient ein wabenförmiger Keramik- oder Metallträger wie z. B. Cordierit. Dieser ist mit dem sogenannten Washcoat beschichtet. Er besitzt eine poröse Struktur und vergrößert die spezifische Oberfläche, zudem stellt er die katalytisch aktiven

Substanzen bereit. Als Material für den Washcoat werden Metalloxide aus Aluminium, Cerium, Zirkon, Titan oder Silizium verwendet. [56]

Beim NOx-Speicherkatalysator dient in der Regel Bariumoxid (BaO) als zusätzliche Speicherkomponente. Aber auch andere Erdalkali- und Alkalioxide kommen zum Einsatz. Bariumoxid ist als basisches Erdalkalimetalloxid in der Lage, Nitrate zu bilden [57]. Aufgrund des hohen CO_2-Gehalts im Abgas wird aus dem Bariumoxid Bariumcarbonat [58]. Die detaillierten chemischen Vorgänge sind vielfältig und komplex, stark vereinfacht kann der Einspeicherungsprozess mit Gl. 2.7 und Gl. 2.8 beschrieben werden [57].

$$2NO + O_2 \leftrightarrow 2NO_2 \qquad \qquad \text{Gl. 2.7}$$

$$2NO_2 + \frac{1}{2}O_2 + BaCO_3 \leftrightarrow Ba(NO_3)_2 + CO_2 \qquad \text{Gl. 2.8}$$

Dieser Einspeicherprozess findet im überstöchiometrischen Motorbetrieb statt, dies bedeutet Sauerstoffüberschuss. Eingespeichert wird hauptsächlich NO_2, weshalb NO zuvor zu NO_2 oxidieren muss. Dafür sind katalytische Komponenten notwendig. Für die Oxidation von NO zu NO_2 ist der Washcoat meist mit Platin versehen [59]. Darüber hinaus kann der NOx-Speicherkatalysator auch sauerstoffspeichernde Komponenten wie z. B. Cerium besitzen. Dadurch wird im überstöchiometrischen Motorbetrieb immer ein gewisser Teil Sauerstoff gespeichert. Besonders wichtig ist dies bei Ottomotoren für die stöchiometrische Verbrennungsluftregelung, da dadurch die Schwankungen des Verbrennungsluftverhältnisses ausgeglichen werden können [60].

Die Regeneration des NOx-Speicherkatalysators erfolgt im unterstöchiometrischen Motorbetrieb bei Sauerstoffmangel. Dieser sorgt für eine ausreichende Bereitstellung von Reduktionsmitteln wie CO, H_2 und HC. Auch die Regeneration kann stark vereinfacht mit den Gl. 2.9, Gl. 2.10 und Gl. 2.11 beschrieben werden [57].

$$Ba(NO_3)_2 + 3CO \leftrightarrow BaCO_3 + 2NO + 2CO_2 \qquad \text{Gl. 2.9}$$

$$Ba(NO_3)_2 + 3H_2 + CO_2 \leftrightarrow BaCO_3 + 2NO + 3H_2O \qquad \text{Gl. 2.10}$$

$$Ba(NO_3)_2 + \frac{1}{3}C_3H_6 \leftrightarrow BaCO_3 + 2NO + H_2O \qquad \text{Gl. 2.11}$$

Bei niedrigem Temperaturniveau wird H_2 als effizientestes Reduktionsmittel beschrieben [61] [62]. Gefolgt von CO und Kohlenwasserstoffen [61]. Dabei kann CO mit Wasser über den Reaktionspfad der Wassergas-Shift-Reaktion in Wasserstoff und Kohlenstoffdioxid umgewandelt werden. Diese Wassergas-Shift-Reaktion wird vorwiegend durch das Zusammenspiel der Edelmetalle und des Sauerstoffspeichers (z. B. Ceroxid) katalysiert [61] [62]. Um das freigesetzte NO zu reduzieren, wird meist Rhodium als Katalysator eingesetzt [59]. Gl. 2.12 zeigt die entsprechende Reaktionsgleichung [11].

$$2NO + 2CO \rightarrow N_2 + 2CO_2 \qquad \text{Gl. 2.12}$$

Die Einspeicherphase dauert zeitlich gesehen sehr viel länger als die Regenerationsphase. Sie variiert je nach Betriebspunkt. Die Einspeicherphase kann mehrere Minuten betragen, während die Regenerationsphase nur wenige Sekunden benötigt.

Einflüsse auf das NOx-Umsatzverhalten

Das Temperaturniveau, in welchem der NOx-Speicherkatalysator seinen optimalen Betriebsbereich besitzt, variiert durch entsprechende Materialzusammensetzungen. Im Folgenden sind beispielhafte Werte, die eine Einordnung möglich machen, genannt. Bei Dieselmotoren wird der NOx-Speicherkatalysator eingesetzt, um in den Bereichen der geringen Abgastemperaturen bereits signifikante NOx-Emissionen reduzieren zu können [3] [4]. Die Einspeicherung ist hauptsächlich über die geringer werdende Umsetzungsgeschwindigkeit von NO zu NO_2 zu geringeren Temperaturen hin limitiert [63]. Bei höheren Temperaturen stellt die Einspeicherung durch den thermischen Zerfall der Nitrate den limitierenden Faktor dar [63]. Untersuchungen zu NOx-Konvertierungswirkungsgraden unter Laborbedingungen bei verschiedenen Temperaturen demonstrieren, dass eine NOx-Reduzierung bereits bei Temperaturen unter 200 °C möglich ist [64]. Bei höheren Temperaturen über ca. 450 °C nimmt der Wirkungsgrad wieder ab [64]. Die Untersuchungen fanden bei gleichem Temperaturniveau sowohl während der Einspeicherphase als auch während der Regenerationsphase statt. Das zeitliche Verhältnis war 60 s/ 5 s. Untersuchungen am realen Motor zeigten ebenfalls, dass bereits bei Temperaturen um 200 °C gute NOx-Konvertierungswirkungsgrade möglich sind [64]. Stark abhängig sind sie jedoch auch von dem gewählten Verhältnis zwischen Einspeicher- und Regenerationsphase [64] [65].

Die Raumgeschwindigkeit besitzt einen Einfluss auf das NOx-Einspeicherverhalten, da sie entscheidend für die Verweildauer des Gases im Katalysator ist. Die Raumgeschwindigkeit gibt an, mit welcher Frequenz das Gasvolumen im Katalysator ausgetauscht wird [63]. Mit steigender Raumgeschwindigkeit, bei ansonsten gleichen Randbedingungen, kommt es zu einem früheren NOx-Durchbruch. Dies kann dadurch erklärt werden, dass bei niedrigeren Raumgeschwindigkeiten mehr Zeit für die Nitratbildung und die Einspeicherung zur Verfügung steht [60].

Einen weiteren Einfluss auf das NOx-Einspeicherverhalten besitzt der Beladungszustand des NOx-Speicherkatalysators [63]. Bei Beginn einer Einspeicherphase und leerem NSK stehen alle Speicherplätze zur Verfügung. Mit steigendem Beladungszustand werden die Speicherplätze weniger und die Einspeichereffizienz geringer. Es können nicht mehr alle Stickoxide gespeichert werden. Folglich kommt es zu einem langsamen Durchbruch der Stickoxide und einem Annähern zwischen Stickoxidemissionen vor und nach NSK.

Unerwünschte Nebeneffekte

Zusätzlich kommt es bei NOx-Speicherkatalysatoren zu unerwünschten Nebeneffekten. Zu den thermischen Nebeneffekten gehört unter anderem die Sinterung der Edelmetallpartikel [57] [66]. Diese tritt bei Überschreiten einer gewissen maximalen Temperatur über einen längeren Zeitraum auf [57] [67] [68]. Dabei spielt sowohl die Höhe der Temperatur als auch die Verweilzeit bei hoher Temperatur eine Rolle [68]. Durch die Sinterung der Edelmetallpartikel wird das Oberflächen/Volumenverhältnis und damit die aktive kata-

lytische Oberfläche verkleinert [57]. Dieser Effekt hat eine besonders negative Auswirkung auf die Speichereffizienz bei geringen Temperaturen [68].
Neben der Sinterung der Edelmetallpartikel kommt es nach [66] zu zwei
weiteren Effekten. Zum einen zu Phasenübergängen in den Washcoat-Mate-
rialien und zum anderen zum Verlust der Oberfläche des Trägers und der
Speicherkomponente.

Ein weiterer kritischer Nebeneffekt ist die Verschwefelung des NOx-Speicherkatalysators. Der im Kraftstoff enthaltene Schwefel wird während der
Verbrennung zu Schwefeldioxid oxidiert und anschließend im NSK weiter
oxidiert zu Schwefeltrioxid [61]. Dieses wird am basischen Speichermaterial
als Bariumsulfat gebunden. Diese Verbindung ist stabiler als NOx [61]. Mit
fortschreitender Verschwefelung werden immer mehr freie Plätze vergiftet.
Diese stehen dem NOx nicht mehr für die Einspeicherung zur Verfügung.
Für eine Desorption des Schwefeltrioxid (Desulfatisierung) wird ähnlich der
NOx-Desorption ein unterstöchiometrisches Verbrennungsluftverhältnis benötigt. Das Temperaturniveau liegt allerdings mit größer ca. 550 °C höher als
bei einer normalen NOx-Regeneration [61]. Aufgrund der oben beschriebenen thermischen Nebeneffekte ist jedoch darauf zu achten, dass eine bestimmte maximale Grenztemperatur nicht überschritten wird. Ebenso kritisch
für die thermischen Alterungseffekte ist die Partikelfilterregeneration. Eine
Begrenzung der maximalen Grenztemperatur sollte auch stattfinden [68].

Regenerationsstrategien

Die Regeneration des NOx-Speicherkatalysators stellt beim Dieselmotor einen kritischen Betriebszustand dar, besonders im Niedrigst- und Teillastbetrieb. Für die Regeneration ist ein unterstöchiometrisches Verbrennungsluftverhältnis notwendig. Eine starke Ansaugluftandrosselung in Kombination
mit einer späten Nacheinspritzmasse erzeugt dies beim Dieselmotor. Durch
das unterstöchiometrische Verbrennungsluftverhältnis ist die Einspritzmasse
an die Luftmasse gekoppelt. Durch diese Kopplung ergibt sich auch eine Ab-
hängigkeit auf das Drehmoment. Für einen Betrieb einer möglichst ver-
brauchsoptimalen Regeneration postulierte [69] die nachstehenden drei
Bedingungen. Die erste Formulierung war, dass die Sauerstoffmasse soweit
wie möglich abzusenken ist. Als zweite Bedingung ist die Regenerationsphase so kurz wie möglich zu halten und als dritte Bedingung ist das Luft-

verhältnis so fett wie möglich einzustellen [69]. Die untere Lastgrenze, bei der eine Regeneration noch möglich ist, wird primär von der Verbrennungsstabilität beeinflusst [63]. Durch die Luftmassenreduktion wird die Zündung des Dieselkraftstoffs zunehmend erschwert, da die Zündbedingungen während der Kompressionsphase schlechter werden. Zudem kann es bei dem unterstöchiometrischen Motorbetrieb zu einer erhöhten Rußbildung kommen. Grundvoraussetzung für die Einleitung einer Regeneration ist ein gewisses Temperaturniveau des NSKs. Ist dieses zu gering, können die ausgelagerten Stickoxide aufgrund der geringen katalytischen Aktivität nicht zu Stickstoff reduziert werden. Auch die Dauer und die Häufigkeit der Regeneration sind von entscheidender Bedeutung. Der Einfluss von Dauer, Häufigkeit und Temperatur wurden in [65] ausführlich am Synthesegasprüfstand untersucht. Dabei ist eine optimale Betriebstemperatur zwischen 300 °C und 400 °C festzustellen [65]. Auch hat sich gezeigt, dass Fett-Pulse kleiner 4 s zu einer unzureichenden Regeneration führen und zudem eine häufigere Anzahl an Fettsprüngen bzw. verkürzte überstöchiometrische Phasen benötigen [65]. Positiv wirken sich zu Beginn der Regeneration ein erhöhtes Angebot an Reduktionsmitteln aus [65]. Neben diesen Untersuchungen am Synthesegasprüfstand führte unter anderem [63] Untersuchungen am realen Motorenprüfstand zur Anpassung eines Dieselbrennverfahrens zur NSK Regeneration durch. In einem ersten Teil theoretischer Untersuchungen zeigte er, dass für einen rußarmen Regenerationsbetrieb eine Aufteilung der Einspritzungen in mindestens zwei Teile erforderlich ist [63]. Außerdem wurde der externen Abgasrückführung eine Schlüsselrolle zur Darstellung eines Regenerationsbetriebs bei kleinen Motorlasten zugeteilt [63]. Die Untersuchungen am Motorenprüfstand ergaben, dass sich für ein hohes Androsselungspotenzial ein Brennstoff mit hoher Cetanzahl, eine hohe Gastemperatur vor den Einlassventilen, eine Drehzahlabsenkung und die Beimischung von Restgas zur Frischluft vorteilhaft auswirken [63]. Eine zu große Beimischung von Restgas wirkt sich jedoch nachteilig auf die Kraftstoffumsetzung der Nacheinspritzung aus [63]. Die Untersuchungen ergaben ein Optimum bei einem totalen Restgasmassenanteil von 25 % bis 30 % [63]. Grundalgenuntersuchungen zur Darstellung eines unterstöchiometrischen Motorbetriebs mit dynamischer Betriebsartenumschaltung fanden in [69] statt. Der Fettbetrieb wurde ebenfalls durch eine Mehrfacheinspritzstrategie dargestellt. Eine andere Art der NSK-Regeneration stellt Sakai in [32] vor. Dabei handelt es sich um ein alternatives Brennverfahren, das sogenannte LTC-Brennverfahren. Hierbei wird mit extrem hohen AGR-Raten die Verbrennungstemperatur trotz globalen unterstöchiometrischen Verbrennungsluftverhältnisses unter die des rußbildenden Bereichs gesenkt, wie in Kapitel 2.1.2 beschrieben. Auch in [70] wurde ein solches Brennverfahren, zur Unterdrückung der für die rußbildenden nötigen Temperaturen an Betriebspunkten zwischen 3 bar und 4 bar effektivem Mitteldruck, untersucht.

Zu Beginn der Regeneration kann es zu einem NOx-Desorptionspeak kommen. Abbildung 2.3 zeigt drei hintereinander gereihte Einspeicher- und Regenerationszyklen. Zu Beginn der Regeneration ist ein deutlicher Anstieg der NOx-Emissionen zu beobachten. Dieses Verhalten ist bekannt und wurde in der Literatur vielfach beobachtet [59] [65] [69] [71]. Der Grund hierfür liegt in einer schnellen NOx-Desorption und ein zu diesem Zeitpunkt nicht ausreichendes Reduktionsmittelangebot [59] [65]. Erst wenn der Sauerstoff an den Katalysatoren aufgebraucht bzw. das oxidierte Edelmetall reduziert ist, kann das NOx reduziert werden [59] [60].

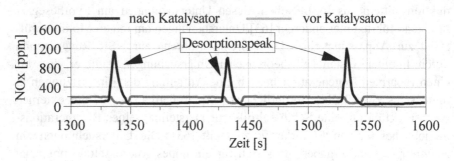

Abbildung 2.3: NOx-Desorptionspeak

Erkennung des Beladungs- und Regenerationszustands

Zur Erkennung, wann die Regeneration eingeleitet werden muss, benötigt es im Motorsteuergerät Modelle zur Beschreibung des aktuellen Beladungszustandes des NOx-Speicherkatalysators. Dies kann beispielsweise über einen NOx-Sensor oder ein Modell auf dem Steuergerät erfolgen [60] [72]. Auch das Ende einer Regeneration muss sicher vorhergesagt werden können, z. B. durch zwei Lambdasensoren einer vor und einer hinter NSK. Wird länger regeneriert als NOx eingespeichert ist, so kommt es in einer erweiterten Phase zur Bildung von Wasserstoff. Dieser besitzt eine Querempfindlichkeit auf die Lambdasonde nach NSK [73]. Dadurch zeigt diese ein niedrigeres Luftverhältnis als die Lambdasonde vor NSK an [60] [74]. Dieses Kriterium kann nach [65] allerdings erst ab NSK-Temperaturen über 250 °C angewendet werden, da darunter nicht genügend Wasserstoff entsteht.

2.3.2 Anwendungsfälle von NOx-Speicherkatalysatoren

Die Anordnung des NSKs innerhalb des Abgasnachbehandlungssystems kann von Hersteller zu Hersteller variieren. Im Folgenden sind einige Konzepte verschiedener Hersteller beschrieben. Die BMW Motoren GmbH stellte 2017 für ihre Drei- und Vierzylindermotoren das Abgasnachbehandlungssystem, bestehend aus NSK - beschichtetem Dieselpartikelfilter (DPF) - SCR-Katalysator vor. Dabei sind der NSK und der Partikelfilter motornah angeordnet. Danach folgt ein Fahrzeugunterboden-SCR-Katalysator [75]. Der NSK wird dabei für den unteren Temperaturbereich eingesetzt, also für den Stadtzyklusbereich, und das Fahrzeugunterboden-SCR-System für den oberen Temperaturbereich, also im Autobahnzyklus [75]. Ebenfalls vorgestellt von der BMW Motoren GmbH wurde 2016 eine 6-Zylinder-Spitzenmotorisierungsvariante. Das Abgasnachbehandlungssystem besitzt dabei denselben Aufbau wie bei den Drei- und Vierzylindermotoren [76]. Die 2014 vorgestellten V6-Dieselmotoren der Audi AG besitzen für die 160 kW Leistungsklasse ebenfalls ein Abgasnachbehandlungssystem aus NSK bzw. NOK – DPF mit SCR-Beschichtung [77]. Die VW AG stellte 2013 innerhalb ihres modularen Dieselbaukastens für die leichten Fahrzeuge ebenfalls ein Abgasnachbehandlungssystem, bestehend aus NSK – DPF mit Oxidationskatalysator vor [72]. Zu erwähnen ist auch der verbaute variable Ventiltrieb, der eine Phasenverstellung ermöglicht [72]. Die Volvo Cars Corporation stellte 2013 für die Vier-Zylinder-Dieselmotoren (EU 6b) ein Abgasnachbehandlungssystem bestehend aus NSK und DPF vor [78] [79]. Bereits 2010 stellte Renault für seine Euro 5 Dieselmotoren eine Kombination von NSK und DPF vor [80].

Auch jüngste Studien für zukünftige Abgasnormen zeigen die Notwendigkeit eines NSKs. Anfang 2020 zeigten die IAV GmbH und die AECC, unter

Verwendung eines Abgasnachbehandlungssystems, bestehend aus NSK – motonahem SCR – SDPF – Unterboden-SCR – Schlupfkatalysator, dass Emissionen unter 30 mg/km im RDE möglich sind [3]. Im Vergleich dazu sind bei der Abgasnorm Euro 6d ca. 114,4mg/km (cf 1,43) erlaubt [81]. Der NSK war hierbei für die Reduzierung der NOx-Emissionen bei geringerem Temperaturniveau verantwortlich. Nach dem NSK war das motornahe SCR, der SDPF und für die hohen Temperaturen der Unterboden-SCR-Katalysator zur Reduzierung der Stickoxidemissionen eingesetzt. Zudem besitzt das System eine Mild-Hybridisierung, bestehend aus einem Riemenstartergenerator. Dieser sorgt bei niedrigen Lasten für eine Stabilisierung des Verbrennungsmotors durch Erhöhung der Motorlast, sodass die NSK-Regeneration nicht unterbrochen werden muss. [3]

Eine weitere Untersuchung, die das zukünftige Potenzial moderner DeNOx-Systeme zeigt, wurde von BASF Catalyst Germany und der FEV Europe in [4] durchgeführt. Dabei kam ein Abgasnachbehandlungssystem, bestehend aus NSK – SCR-beschichteter Partikelfilter – Unterboden-SCR mit Ammoniakschlupfunterdrückung zum Einsatz. Der NSK kam auch hier wieder für die NOx-Reduktion bei geringeren Temperaturen zum Einsatz. Es konnte gezeigt werden, dass in unterschiedlichsten Fahrprofilen ein NOx-Emissionswert von unter 60 mg/km erreicht werden konnte. Selbst unter innerstädtischen Bedingungen lagen die NOx-Emissionswerte bei einem sehr geringen Wert von ca. 36 mg/km. [4]

Weitere Arbeiten zeigen die effektive Einsatzmöglichkeit des NSK im Systemverbund mit anderen Abgasnachbehandlungskomponenten, unter anderem mit elektrisch beheizbaren Katalysatoren [82], [83] und [84]. Durch diese wird es im Hybridverbund möglich, die NOx-Emissionswerte deutlich zu reduzieren. Demonstriert wurde dies in [84]. Dabei wurde durch Einsatz eines 48-V-Mildhybridsystems der Nachweis erbracht, dass eine Halbierung des aktuellen NOx-Grenzwertes möglich ist [84]. Durch die Hybridisierung muss eine NSK-Regeneration durch eine geringe Drehmomentenanforderung nicht abgebrochen werden. Der elektrische Katalysator kann das Temperaturniveau sehr schnell nach Start bereitstellen und zudem kann eine Lastpunktverschiebung erfolgen [84]. Weitere Untersuchungen zu einem elektrisch beheizbaren NSK zeigten zwei Effekte, die sich positiv auf den DeNOx-Betrieb auswirken. Zum einen das höhere Temperaturniveau und zum anderen das höhere Lastniveau aufgrund der benötigten elektrischen Energie [82]. Auch [83] zeigte die effektive Einsatzmöglichkeit eines elektrisch beheizbaren Katalysators, um auch bei gealtertem Katalysatorzustand die SULEV30-Grenzwerte einhalten zu können.

3 Versuchsaufbau

3.1 Versuchsmotor

Der Grundmotor ist ein seriennaher Vierzylinder-Dieselmotor. Der variable Ventiltrieb stellt einen Sonderaufbau dar. Die wichtigsten Daten des Grundmotors sind in Tabelle 3.1 gelistet. Das Verdichtungsverhältnis wird während der Untersuchungen variiert. In der Tabelle sind beide untersuchten Verdichtungsverhältnisse aufgeführt. Der Zylinderkopf enthält pro Zylinder zwei Einlass- und zwei Auslasskanäle. Dabei ist einer der Einlasskanäle mit einer Drossel für die Einlasskanalabschaltung ausgeführt.

Tabelle 3.1: Kenndaten des Motors

Bezeichnung	Einheit	Kenndaten
Bauform	-	4-Zylinder-Reihe
Hubvolumen	ccm^3	1969
Max. Leistung	kW	140 (@4250 1/min)
Max. Drehmoment	Nm	400 (@1750-2500 1/min)
Zündfolge	-	1-3-4-2
Bohrung / Hub	mm	82,0 / 93,2
Kolben-Desachsierung	mm	0,25 (zur Auslassseite)
Verdichtungsverhältnis	-	14,8 / 15,8 (geometrisch)

Der Motor verfügt über eine zweistufige Abgasturboaufladung mit einer Hoch- und Niederdruckstufe, einer externen Hochdruck-Abgasrückführung, einem Ladeluftkühler und einem Abgasnachbehandlungssystem. Dieses besteht aus einem NOx-Speicherkatalysator (NSK) und einem Partikelfilter. Der NSK fungiert gleichzeitig auch als Dieseloxidationskatalysator (DOC). Der Motoraufbau und der Messstellenplan sind in Abbildung 3.1 dargestellt.

© Der/die Autor(en), exklusiv lizenziert durch
Springer Fachmedien Wiesbaden GmbH, ein Teil von Springer Nature 2022
M. Brotz, *NOx-Speicherkatalysatorregeneration bei Dieselmotoren mit variablem Ventiltrieb*, Wissenschaftliche Reihe Fahrzeugtechnik Universität Stuttgart,
https://doi.org/10.1007/978-3-658-36681-0_3

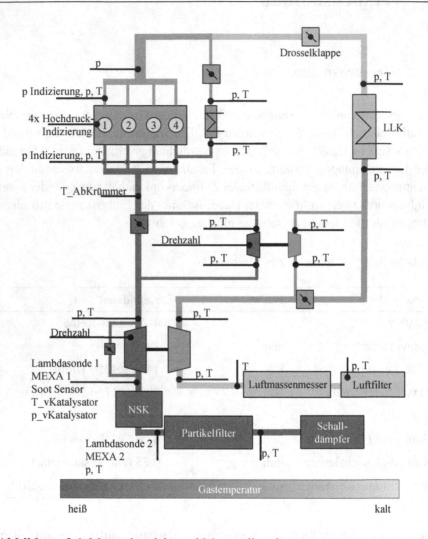

Abbildung 3.1: Motorübersicht und Messstellenplan

Die Motorsteuerung besteht aus einem Entwicklungsmotorsteuergerät (Fa. Denso) mit Emulator Tastkopf (ETK). Der Datenstand entspricht einem Entwicklungsdatenstand (Abgasnorm Euro 6) und enthält alle Regelfunktionen eines Serienmotors. Der korrekte Anwendungsbereich dieser Regelfunktionen begrenzt sich auf den Betrieb mit konventionellem Ventiltrieb. Auf das

Motorsteuergerät (ECU) kann über die ETK-Schnittstelle mit der Applikationssoftware INCA (Integrated Calibration and Application Tool) der Fa. ETAS zugegriffen werden. Zugriff liegt auf alle Verstellgrößen der ECU vor.

Der Motor verfügt über ein Common-Rail-Einspritzsystem. Der maximale Raildruck beträgt 2500 bar. Der 8-Loch-Injektor ist in [85] beschrieben. Die für diese Arbeit verwendeten Bezeichnungen der Einspritzungen werden mit Abbildung 3.2 eingeführt. Diese teilen sich in Voreinspritzung (VE), Haupteinspritzung (HE), angelagerte Nacheinspritzung (aNE) und Nacheinspritzung (NE) ein.

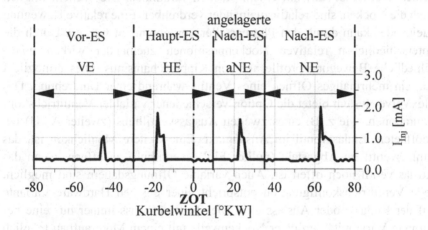

Abbildung 3.2: Begriffsdefinition Einspritzungen

Für Einspritzzeitpunkte wird die Abkürzung „ESZ" verwendet. Die in dieser Arbeit angegebenen Einspritzzeitpunkte entsprechen den hydraulischen Einspritzzeitpunkten. Diese werden vom Steuergerät über den individuellen Kraftstoff-Drucksensor des Injektors berechnet. Das Ansteuersignal in der Strommesszange ist bei 1500 1/min um ca. 3 °KW gegenüber dem hydraulischen Einspritzzeitpunkt verschoben. Als Motoröl wird Castrol A5B5 0W20 low ash verwendet.

3.2   Variabler Ventiltrieb

Der in dieser Arbeit verwendete variable Ventiltrieb ist ein Produkt der Firma KSPG und wird unter dem Namen „FlexValve" vertrieben. Dieses System zeichnet sich insbesondere durch den kompakten Bauraum aus, wodurch die Integration in einen seriennahen Ventildeckel ermöglicht wird. Der genaue Aufbau des Systems ist im Anhang A2 und in [45] beschrieben. Die Grundkomponenten des Systems stellen ein Phasensteller, zwei ineinander führende Wellen, die Nocken und ein Kippmechanismus dar. Jede der beiden Wellen ist starr mit einem Nocken verbunden. Die Wellen, folglich auch die Nocken, sind relativ zueinander verdrehbar. Eine relative Bewegung zueinander kann durch den Phasensteller vorgenommen werden. Durch die unterschiedlichen relativen Nockenpositionen zueinander wirken unterschiedliche Bewegungsprofile auf den Kippmechanismus. Dies ermöglicht u.a. ein mehrmaliges Öffnen eines Ventils während einer Umdrehung. Das FlexValve-System bietet die Option verschiedener variabler Ventiltriebskonfigurationen, wie z. B. eines zweiten Auslassventilhubs (zweiter AVH) bei geöffnetem Einlassventil im Ansaugtakt. Eine weitere Möglichkeit ist, das Einlassventil im Abgastakt (nullter Einlassventilhub) zu öffnen, wenn das Auslassventil noch offen ist. Auch variable Öffnungsdauern sind möglich. Jede Ventiltriebskonfiguration entspricht einer eigenen Hardware-Variante auf der Einlass- oder Auslassseite. Dies bedeutet, dass immer nur eine bestimmte Variabilität auf einer Nockenwelle mit einem Motoraufbau möglich ist. Beispielsweise kann auslassseitig die Konfiguration zweiter Auslassventilhub und einlassseitig die Konfiguration mit variabler Öffnungsdauer aufgebaut werden. Eine konventionelle Phasenverstellung oder ein nullter Einlassventilhub ist dann nicht mehr möglich. Dies bedürfte eines hardwareseitigen Umbaus. Die in dieser Arbeit verwendete Ventiltriebskonfiguration ist auf der Auslassseite der zweite Auslassventilhub und auf der Einlassseite die Standardnockenwelle ohne Variabilität. Der zweite Auslassventilhub ist in seiner Höhe frei verstellbar. Bei nicht angesteuertem Phasensteller befindet sich der Ventiltrieb im Grundzustand ohne zweiten Auslassventilhub. Die Steuerzeiten entsprechen dann denen des konventionellen Ventiltriebs, sie sind in Tabelle 3.2 gelistet.

Tabelle 3.2: Ventilsteuerzeiten

Bezeichnung	Einheit	Wert	
Einlassventil-Öffnet	°KWnGOT	12,6	(@ 1 mm Hub)
Einlassventil-Schließt	°KWnGOT	185,8	(@ 1 mm Hub)
Auslassventil-Öffnet	°KWvGOT	196,4	(@ 1 mm Hub)
Auslassventil-Schließt	°KWvGOT	17,9	(@ 1 mm Hub)

Die entsprechenden Ventilhubkurven sind in Abbildung 3.3 dargestellt. Der zweite Auslassventilhub ist kontinuierlich von 0 mm bis 4,3 mm verstellbar. Der Einlassventilhub wird während der Versuche nicht variiert.

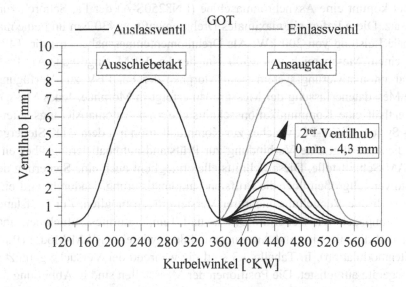

Abbildung 3.3: Ventilhubkurven mit variablem zweitem AVH

Die Steuerung des zweiten Auslassventilhubs erfolgt über ein extra Ventiltriebssteuergerät, welches nicht mit dem Motorsteuergerät kommuniziert. Infolgedessen bekommt das Motorsteuergerät eine Veränderung des zweiten

Auslassventilhubs über das Ventiltriebssteuergerät nicht mitgeteilt. Das Motorsteuergerät verfügt über keine extra Kennfelder oder Regelfunktionen für den Betrieb mit dem zweiten Auslassventilhub. Das Motorsteuergerät sieht bei aktivem zweitem Auslassventilhub nur eine Veränderung der Regelgrößen, wie z. B. der Luftmasse, und versucht dieser Veränderung gegebenenfalls entgegenzuwirken. In den entsprechenden Betriebspunkten mit aktivem zweitem Auslassventilhub erfolgt die Anpassung des Datenstands manuell.

3.3 Prüfstandsaufbau und Messtechnik

Zur Erzeugung des Brems- und Antriebsmomentes für den Verbrennungsmotor kommt eine Asynchronmaschine (LN8250S-A) der Fa. Schorch zum Einsatz. Diese liefert ein maximales Drehmoment von 430 Nm und eine maximale Leistung von 200 kW. Als Drehmomentenmessnabe wird die T40B mit einem Messbereich von ±500 Nm der Fa. HBM eingesetzt. Als Prüfstandsautomatisierungssystem steht Morphee der Fa. FEV zur Verfügung. Die Messdatenerfassung der Messgrößen erfolgt in Morphee. Jedes Messgerät enthält eine Kommunikationsschnittstelle zum Automatisierungssystem. Das System INCA-PC, welches zur Kommunikation mit dem ETK-Steuergerät dient, verfügt eine Verbindung zur Prüfstandsautomatisierung über eine ASAM-Schnittstelle. Diese Schnittstelle ermöglicht auch eine Steuerung der Motorverstellgrößen über die Prüfstandsautomatisierung. Dadurch wird eine zeitsynchrone Verstellung mehrerer Verstellgrößen möglich. Zur Prüfstandsausrüstung gehören weiterhin Druck- und Temperaturmessaufnehmer, analoge und digitale Ein- und Ausgangsmodule sowie eine PWM-Modul (Pulsweitenmodulation). In Tabelle 3.3 sind die während der Versuche genutzten Messgeräte aufgelistet. Die Positionen der Messstellen sind in Abbildung 3.1 dargestellt. Die Emissionsmesswerte der Abgasmessanlage sind in den jeweiligen Abbildungen nicht Laufzeit korrigiert dargestellt. Zur Überprüfung des Einflusses der Leitungslänge der Abgasmessanlage erfolgt ein Vergleich der Messwerte der Abgasmessanlage mit denen eines Fast-CLD500 der Fa. Cambustion. Die Ergebnisse sind im Anhang A1 dargestellt. Dabei ist zu sehen, dass die vorhandene Leitungslänge, bei einer Entnahmestelle nach Turboladern, einen untergeordneten Einfluss einnimmt.

Tabelle 3.3: Übersicht der verwendeten Messgeräte

Messgröße	Bezeichnung Messgerät	Zusatzinformation
Kraftstoff	AVL733S	gravimetrisch
Luftmasse	ABB Sensyflow Typ p/ DN80	HFM
Partikel	AVL Mikro Soot Sensor	kontinuierlich
CO_2, CO, O_2, THC, NO, NO_2	Horiba MEXA 7100DEGR	zwei AMAs im Einsatz
Blow By	AVL 422	Blende
Turboladerdrehzahl	ACAM PicoTurn	HD- und ND-Stufe

Für die Druckindizierung sind zwei Indiziersysteme im Einsatz. Zum einen das IndiGO System der Fa. FKFS und zum anderen das Indicom System der Fa. AVL. Beide Systeme bestehen aus einem Analog/Digitalwandler und einer Auswerteeinheit. Das AVL System verwendet als A/D-Wandler das AVL622 Gigabit-Indimodul. Zur Auswertung und Datenerfassung wird die Software Indicom verwendet. Das FKFS-System verwendet als A/D-Wandler ein leistungsstarkes ADWin-Pro-Sytem der Fa. Jäger. Zur Auswertung und Datenerfassung dient die Software IndiGO. Als Ladungsverstärker wird für die piezoelektrischen Sensoren der Typ 5064 und für die piezoresistiven Sensoren der Typ 4665B der Fa. Kistler verwendet. Die Ladungsverstärker werden in einer SCP 2853B der Fa. Kistler betrieben. Für den Zylinderdruck werden piezoelektrische Sensoren der Fa. AVL verwendet. Diese werden über die Glühkerzenbohrung mithilfe einer Adapterhülse brennraumnah montiert. Für die Niederdruckindizierung im Einlass- und Auslasskanal werden piezoresistive Sensoren der Fa. Kistler eingesetzt. Der Drucksensor im Auslasskanal verfügt zum Bauteilschutz über einen Umschaltadapter. Die eingesetzten Drucksensoren für die Druckindizierung sind in Tabelle 3.4 aufgelistet.

Tabelle 3.4:   Daten der eingesetzten Drucksensoren

Messort	Typ	Hersteller	Einheit	Messbereich	Empf.
Zylinder	GH13P	AVL	bar	0...250	16 pC/bar
Ansaugkanal	4005B	Kistler	bar	0...10	-
Auslasskanal	4045A	Kistler	bar	0...5	-

Der Zylinderdruck wird in jedem Zylinder gemessen. Aufgrund des Bauraums wird nur der erste Zylinder voll indiziert. Dieser Zylinder verfügt sowohl in beiden Einlasskanälen als auch in der Zusammenführung des Auslasskanals einen Drucksensor. Der Drucksensor, der im Einlasskanal mit Einlasskanalabschaltung (EKAS) verbaut ist, sitzt hinter der EKAS-Klappe in Richtung Einlassventil. Damit kann für das Strömungsmodell der Massenstrom für beide Ventile getrennt berechnet werden. Zusätzlich sitzt ein Drucksensor im Ansaugkrümmer, bevor sich die Kanäle teilen. Als Kurbelwinkelaufnehmer kommt der Typ 2614B der Fa. Kistler zum Einsatz. Gemessen wird mit einer Auflösung von 1,0 °KW. Die Zuordnung zum oberen Totpunkt erfolgt über einen geschleppten Druckverlauf und dessen Verschiebung um den thermodynamischen Verlustwinkel. Zur Erfassung der Injektoransteuerung auf Zylinder 1 wird eine Strommesszange eingesetzt.

Zur Sicherstellung gleicher Prüfbedingungen und des Bauteilschutzes werden folgende Konditioniereinheiten benutzt:

■   Motorkühlwasserkonditionierung

■   Ladeluftkonditionierung

■   Ansaugluftkonditionierung

■   Quarzkühlungskonditionierung

■   Kraftstoffkonditionierung

Die Ölkühlung erfolgt mittels des motoreigenen Ölkühlkreislaufes. Zur Unterstützung sind zusätzlich schaltbare Lüftergebläse unter dem Motor angebracht. Als Kraftstoff für die Untersuchungen dient ein in Deutschland handelsüblicher Dieselkraftstoff. Die wichtigsten Kraftstoffeigenschaften sind in Tabelle 3.5 dargestellt.

Tabelle 3.5:   Kraftstoffeigenschaften des verwendeten Diesels

Cetan-zahl [-]	Dichte [kg/m³]	unterer Heizwert [kJ/kg]	stöch. Luftbed. [-]	H/C-Verhältnis [-]	O/C-Verhältnis [-]
52,3	838	42660	14,65	1,9171	0,0043

4 Messmethodik und Messdatenauswertung

4.1 Grundsätzliche Vorgehensweise

Wie in Abbildung 4.1 zu sehen, sind die Untersuchungen des unterstöchiometrischen Brennverfahrens in drei Blöcke eingeteilt. Der erste Block beinhaltet die Untersuchung des dieselmotorischen Brennverfahrens bei geringer Zylinderfüllung. Dabei wird das Androsselungsverhalten des Versuchsmotors bei unterschiedlichen internen Restgasraten gezeigt. Während der Untersuchung ist für die Vergleichbarkeit nur eine Haupteinspritzung aktiv. Der Motor wird überstöchiometrisch betrieben. Es werden sowohl stationäre Betriebspunkte, wie auch Betriebspunkte mit dynamischem Betriebsartenwechsel untersucht. Der zweite Block enthält Grundlagenuntersuchungen für den unterstöchiometrischen dieselmotorischen Betrieb. Innerhalb dieser sind zwei Einspritzungen aktiv. Dies stellt gleichzeitig die Mindestanzahl an Einspritzungen dar, die im niedrigen Teillastbetrieb für einen NSK-Regenerationsbetrieb benötigt wird.

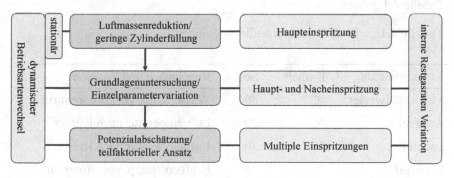

Abbildung 4.1: Messmethodik

Die Einspritzungen teilen sich in eine Haupteinspritzung und eine Nacheinspritzung auf. Die Einleitung des unterstöchiometrischen Motorbetriebs findet über einen dynamischen Betriebsartenwechsel statt. Dieser bildet den späteren Motorbetrieb realitätsnah ab. Zudem kann das Aufwärmverhalten des Systems beurteilt werden. Der dritte Block stellt eine Potenzialabschätzung für den realen Fahrbetrieb dar. Ziel ist es, einen unterstöchiometrischen NSK-Regenerationsbetrieb zu entwickeln, welcher bei möglichst geringem Motordrehmoment funktioniert. Der Betriebsartenwechsel erfolgt dynamisch. Einspritzstrategien mit multiplen Einspritzungen werden entwickelt.

4.2   Prüfbedingungen und Messprozedur

Während der Brennverfahrens-Untersuchungen sind der NOx-Speicherkatalysator und der Dieselpartikelfilter ausgebaut und durch eine Drosselklappe ersetzt. Dies ermöglicht gleiche Prüfbedingungen während der Untersuchungen. Vor dem Ausbau der Abgasnachbehandlungssysteme erfolgt die Aufnahme eines Abgasgegendruckkennfelds bei regeneriertem Partikelfilter. Die entsprechenden Abgasgegendrücke werden in den Messkampagnen über die Drosselklappe eingestellt. Die Einstellwerte der Konditionierungen sind in Tabelle 4.1 gelistet.

Tabelle 4.1:   Einstellwerte Konditionierungen

Konditionierung	Einheit	Soll	Regelgröße und Position
Motorkühlwasser	°C	80	Wassertemp. vor Motoreintritt
Ansaugluft	°C	20	Lufttemperatur nach Kühler
Ladeluft	°C	30	Lufttemperatur nach Kühler
Kraftstoff	°C	20	Kraftstofftemp. vor Motoreintritt

Die unterstöchiometrischen Untersuchungen beinhalten einen dynamischen Betriebsartenwechsel. Dies bedeutet, dass der eigentliche unterstöchiometrische Motorbetrieb nicht so lange andauern muss, bis sich ein stationärer Zustand eingestellt hat. Der unterstöchiometrische Motorbetrieb erfolgt über ein definiertes Zeitintervall. Danach wird wieder zum überstöchiometrischen Ausgangsbetriebspunkt zurückgeschaltet. Dieses Vorgehen weicht von der klassischen Brennverfahrensentwicklung ab. In dieser wird ein Betriebspunkt eingestellt, bis er einen eingeschwungenen Zustand erreicht hat. Im Anschluss wird über eine bestimmte Messzeit gemessen und die Messwerte gemittelt. In dieser Arbeit werden die Messwerte nicht gemittelt, sondern zeitbasiert, mit einer Abtastrate von 10 Hz, gemessen und auch zeitbasiert ausgewertet. Dieses Vorgehen erscheint bei den hier durchgeführten Untersuchungen als zielführend, da auch im späteren Serien-Anwendungsfall der unterstöchiometrische Motorbetrieb nur einige Sekunden andauert und insbesondere der Übergang von über- zu unterstöchiometrischem Verbrennungsluftverhältnis kritisch ist. Dadurch lassen sich zusätzliche Effekte wie das Aufwärmverhalten oder Drehmomentenschwankungen beurteilen. Bei diesem Vorgehen ist auch der Betriebspunkt wichtig, der vor dem unterstöchiometrischen Betrieb eingestellt ist. Dieser muss solange betrieben werden, bis er stationär eingeregelt ist. Um unterschiedliche unterstöchiometrische Betriebspunkteinstellungen miteinander vergleichbar zu machen, besitzen die überstöchiometrischen Ausgangsbetriebspunkte identische Motorsteuergeräte-Einstellungen. Diese dienen der Vorkonditionierung des Brennraums. Abbildung 4.2 zeigt die Messprozedur für die Grundlagenuntersuchungen innerhalb des zweiten Blocks. Zuerst wird der überstöchiometrische Betriebspunkt solange gehalten, bis alle Messwerte einen stationären Wert erreicht haben. Danach beginnt die Messprozedur. Diese setzt sich aus 3 s überstöchiometrischem Motorbetrieb, 14,5 s unterstöchiometrischem Motorbetrieb und abschließend wieder 12,5 s überstöchiometrischem Motorbetrieb zusammen. Wichtig für die Grundlagenuntersuchungen ist eine ausreichende unterstöchiometrische Betriebszeit, welche deshalb mit 14,5 s ausreichend lange gewählt ist, vgl. [65] und [86].

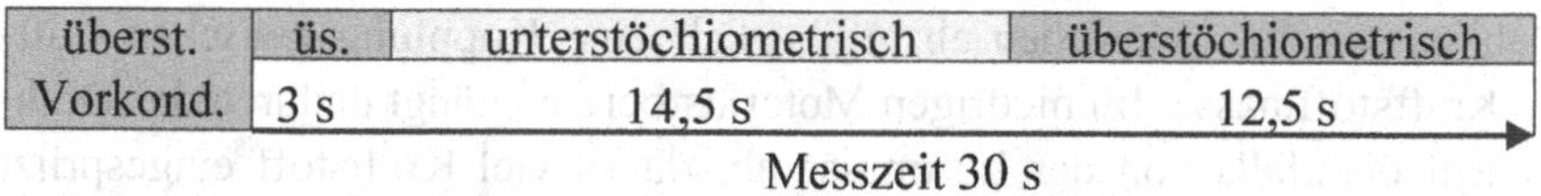

überst.	üs.	unterstöchiometrisch	überstöchiometrisch
Vorkond.	3 s	14,5 s	12,5 s

Messzeit 30 s

Abbildung 4.2: Messprozedur

4.3   Methodik der Einzelparametervariation

Die Einzelparametervariationen sind für die Messungen innerhalb des zweiten Blocks der in Abbildung 4.1 beschriebenen Messmethodik eingesetzt. Ziel ist es, ein grundlegendes Verständnis von Auswirkungen einzelner Einflussgrößen auf das unterstöchiometrische Brennverfahren im niedrigen Teillastbetrieb zu erhalten. Deshalb wird für diesen Block nur die minimale Anzahl an Einspritzungen, die für diesen Motorbetrieb benötigt wird, eingesetzt. Hierbei handelt es sich um zwei Einspritzungen. Im Rahmen der Einspritzstrategie stehen folgende Variationsparameter zur Verfügung:

- ■ Einspritzzeitpunkt Haupteinspritzung (ESZ_{HE})

- ■ Einspritzzeitpunkt Nacheinspritzung (ESZ_{NE})

- ■ Massenverhältnis Haupteinspritzung (HE) zu Nacheinspritzung (NE) (m_{HE}/m_{NE}), bei gleichem Verbrennungsluftverhältnis

Ausgehend von diesen wird immer nur ein Parameter pro Variation geändert. Alle Regler, die zu einem Eingriff in das Drehmoment führen, werden deaktiviert. Somit ist das Motordrehmoment während einer Messung nicht geregelt, sondern ergibt sich aus den Einspritzparametern und der Luftmasse. Beide Größen werden innerhalb des unterstöchiometrischen Betriebs konstant gehalten. Die Luftmasse wird über die Drosselklappe eingestellt. Die Regelung erfolgt über das Motorsteuergerät. Das Ziel ist es, das Systemverhalten auf die Sprungvorgabe von Luft- und Kraftstoffmasse bewerten zu können, wie beispielhaft in Abbildung 4.3 dargestellt. Durch den unterstöchiometrischen Motorbetrieb ergibt sich eine Kopplung zwischen Luft- und Kraftstoffmasse. Im niedrigen Motorlastbereich hängt dadurch das Drehmoment ebenfalls von der Luftmasse ab, da so viel Kraftstoff eingespritzt werden muss, bis sich ein unterstöchiometrisches Verbrennungsluftverhältnis einstellt. Mit steigender interner Restgasrate erhöht sich das Androsselungspotentzial des Motors, weshalb die drei Größen Kraftstoffmasse, Luftmasse und interne Restgasrate stark miteinander verknüpft sind. Für einen unterstöchiometrischen Motorbetrieb müssen sie immer aufeinander abgestimmt werden.

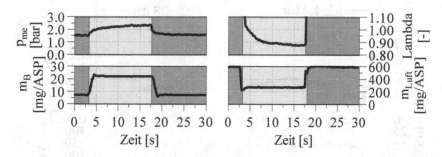

Abbildung 4.3: Sprungvorgabe Luft- und Kraftstoffmasse

Der Einfluss dieser Größen wird im Rahmen der Einzelparametervariation untersucht. Des Weiteren werden, ausgehend von einem stabilen Betriebspunkt, der über die drei Größen auf der linken Seite in Abbildung 4.4 eingestellt wird, die Parameter der rechten Seite variiert.

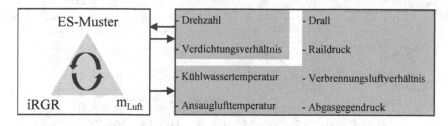

Abbildung 4.4: Übersicht Versuchsgrößen

Zur gezielten Vorkonditionierung des Systems wird innerhalb einer Variation immer der gleiche überstöchiometrische Ausgangsbetriebspunkt eingestellt, wie bereits in Kapitel 4.2 beschrieben. Da dieser keine spezielle Aufheizstrategie bereitstellt, besitzt er jedoch nur einen untergeordneten Einfluss. Abbildung 4.5 zeigt eine Variation der Ausgangslast des überstöchiometrischen Betriebspunktes. Zu sehen ist, dass sich alle Größen sowohl im Verlauf als auch in den Absolutwerten annähernd gleich verhalten. Der Grund für den geringen Einfluss der Ausgangslast liegt in der eingebrachten Energiemenge, die im überstöchiometrischen Motorbetrieb um ein Vielfaches geringer ist als im unterstöchiometrischen Motorbetrieb.

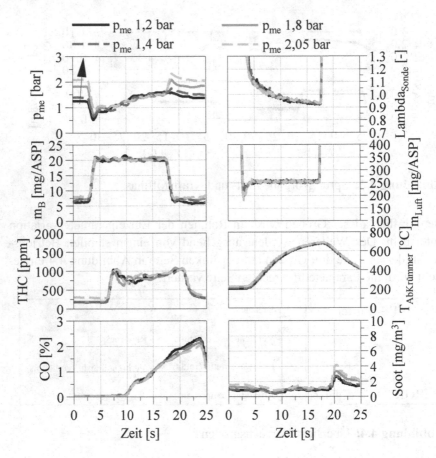

Abbildung 4.5: 1500 1/min, Einfluss überstöchiometrischer Betriebspunkt

Die Abgastemperatur im Krümmer $T_{AbKrümmer}$ unterscheidet sich innerhalb der verschiedenen Ausgangslasten lediglich um 20 K. Das Absolutniveau liegt bei ca. 200 °C. Im unterstöchiometrischen Betrieb liegen die Spitzentemperaturen bei ca. 680 °C. Aufgrund dieses Temperaturunterschiedes sind für das Aufwärmverhalten des Systems die Betriebspunkteinstellungen des unterstöchiometrischen Betriebspunktes bedeutender als die Einstellungen des überstöchiometrischen Ausgangsbetriebspunktes ohne Aufheizstrategie.

4.4 Methodik der Potenzialabschätzung

Das Ziel innerhalb der Potenzialabschätzung ist, ein unterstöchiometrisches Brennverfahren zu entwickeln, dass aus folgenden Kriterien den optimalen Kompromiss darstellt:

■ Geringes Drehmoment und geringe Drehmomentenschwankung

■ Hohe Verbrennungsstabilität und niedrige Rußemissionen

■ Geeigneter Abgastemperaturverlauf

■ Hoher Umsetzungswirkungsgrad und geringer Kraftstoffverbrauch

Im Unterschied zur Einzelparametervariation wird an dieser Stelle versucht, einen möglichst gleichmäßigen Drehmomentenverlauf über die gesamte Messzeit zu erreichen. Dies erfordert eine Anpassung der Kraftstoffparameter während des unterstöchiometrischen Betriebs. Die Anpassung erfolgt mittels Vorsteuerung der Kraftstoffmassen. Zudem erfolgt eine Erweiterung des Parameterraums der Einspritzungen. Bei der Untersuchung der Mehrfacheinspritzungen liegen folgende Varianten im Fokus:

■ Voreinspritzung

■ Haupteinspritzung

■ Angelagerte Nacheinspritzung

■ Nacheinspritzung

Bei jeder Einspritzung kann jeweils die Masse sowie der Einspritzzeitpunkt variiert werden. Dies führt zu einer großen Anzahl an möglichen Kombinationen. Das Vorgehen bei der Entwicklung der Einspritzstrategie ist in Abbildung 4.6 dargestellt. Dabei wird ein Betriebspunkt mit relativ geringem Drehmoment, hoher Verbrennungsstabilität und geeigneter Abgastemperatur aus den Erkenntnissen der Grundlagenuntersuchungen abgeleitet. Dieser dient als Startpunkt für die Entwicklung der Mehrfacheinspritzstrategie. Da der beste Kompromiss zwischen den einzelnen Zielgrößen nicht unbedingt bei der geringsten Luftmasse liegt, ist es notwendig für die Potenzialabschätzung die Luftmasse ebenfalls als Variationsgröße zu betrachten. Für den Vergleich zwischen der Ventiltriebskonfiguration mit zweitem Auslassventilhub und konventionellem Ventiltrieb werden zwei Einspritzstrategien entwickelt. Das Vorgehen ist für beide Strategien, bis auf das Anpassen der Restgasrate, identisch. Ein geeigneter Startpunkt für die zu entwickelnden Betriebspunkte leitet sich aus Grundlagenuntersuchungen ab. Ausgehend von diesem erfolgt zuerst eine Abrasterung der Voreinspritzung, in der sowohl die Kraftstoffmasse als auch der Einspritzzeitpunkt variiert werden. Die Kraftstoffmasse, die der Voreinspritzung zugeführt wird, wird der Haupteinspritzung abgezogen. Das Verbrennungsluftverhältnis wird über alle Messreihen konstant gehalten. Aus den Ergebnissen dieser Abrasterung wird die beste Einspritzstrategie ausgewählt. Mit dieser erfolgt im nächsten Schritt eine Abrasterung der angelagerten Nacheinspritzung. Dabei werden ebenfalls der Einspritzzeitpunkt und die Einspritzmasse variiert. Die Massendifferenz wird ebenfalls der Haupteinspritzung zu- oder abgeführt. Im Anschluss wird die beste Einspritzstrategie ausgewählt und eine Variation des Nacheinspritzzeitpunktes vorgenommen. Mit angepasstem Nacheinspritzzeitpunkt wird durch eine Optimierungsschleife erneut die Vor-, die angelagerte Nach- und die Nacheinspritzung angepasst. Danach werden die Luftmasse und die Restgasrate nochmals variiert und es erfolgt eine weitere Anpassung der Einspritzstrategie. Das Ergebnis liefert das in dieser Arbeit gefundene Optimum. Im Anschluss erfolgt eine Robustheitsüberprüfung des Brennverfahrens. Damit soll die Eignung für den realen Motorbetrieb bezüglich Störanfälligkeiten und Regelgüte untersucht werden.

Zur Überprüfung der entwickelten Betriebspunkteinstellungen ist das Abgasnachbehandlungssystem montiert. Eine zweite Abgasmessanlage misst die Abgasemissionen nach NOx-Speicherkatalysator, siehe Abbildung 3.1. Der Abgleich der Abgasmessanlagen ist Anhang A3 zu entnehmen. Die Einstellwerte entsprechen exakt den Betriebspunkteinstellungen ohne verbauten NSK. Vor den Messungen wird der Dieselpartikelfilter regeneriert. Um einen definierten Zustand des NOx-Speicherkatalysators zu erreichen, wird dieser so oft regeneriert, bis sich ein gleichbleibendes Verhalten in den NOx-Emissionen nach erfolgter Regeneration zeigt.

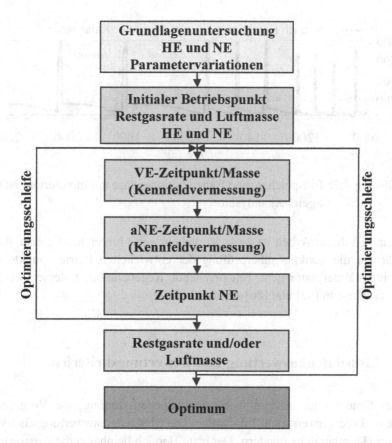

Abbildung 4.6: Vorgehensweise bei der Potenzialabschätzung für die Entwicklung eines unterstöchiometrischen Brennverfahrens

Abbildung 4.7 zeigt dieses Verhalten schematisch. Die gestrichelte Linie in der Abbildung stellt das NOx-Niveau des annähernd leeren Katalysators dar. Ausgehend von dem leeren Zustand wird der Katalysator befüllt, bis sich ein stationärer Zustand der Emissionen nach dem Katalysator einstellt. Daraufhin läuft die Regeneration über die gewünschte Dauer ab. Problematisch bei diesem Vorgehen ist die Temperatur des NOx-Speicherkatalysators. Dieser besitzt durch die vorherigen Regenerationen bereits ein gewisses Temperaturniveau, was sich bei der Betrachtung einzelner Fettsprünge nicht vermeiden lässt.

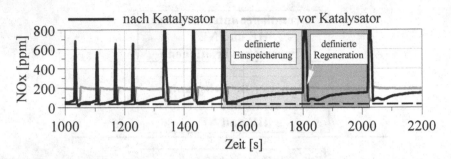

Abbildung 4.7: Einspeicher- und Regenerationsphase mit montiertem NOx-
Speicherkatalysator

Im Rahmen dieser Arbeit ist diese Vorgehensweise hinreichend genau, da es
primär um die Funktionsüberprüfung der entwickelten Betriebspunkte mit
verbautem Katalysator geht. Entsprechende Regenerationsstrategien werden
beispielsweise in [65] und [86] untersucht.

4.5   Messdatenauswertung und Bewertungskriterien

Dieses Unterkapitel beschreibt die Messdatenauswertung, die Vorgehensweise und die verwendeten Programme. Die Messdatenauswertung lässt sich
in zwei Hauptbereiche gliedern. Der erste Bereich beinhaltet die Auswertung
mittels der Prüfstandsautomatisierung in Morphee gemessenen, zeitbasierten
Messdaten. Der zweite Bereich umfasst die über das Indiziersystem IndiGO
erfassten kurbelwinkelbasierten Messdaten. Abbildung 4.8 zeigt schematisch
das Vorgehen bei der Messdatenauswertung. Die zeitbasierten Daten werden
in Uniplot über ein automatisiertes Skript aufbereitet und grafisch dargestellt.
Die kurbelwinkelbasierten Indizierdaten werden in einem Matlabskript in
verschiedene Arbeitsspielbereiche aufgeteilt. Da dynamisch gemessen wird,
können immer nur bestimmte Arbeitsspielbereiche gemittelt werden. Eine
gesamte Mittelung der Arbeitsspiele über den Messzeitraum ist nicht sinnvoll.

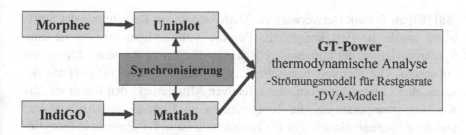

Abbildung 4.8: Schema Messdatenauswertung

Die drei Hauptphasen, die während einer dynamischen Messung vorliegen, sind die erste Phase vor der Einleitung des unterstöchiometrischen Motorbetriebs. Die zweite Phase beinhaltet das Aufwärmverhalten während des unterstöchiometrischen Motorbetriebs und die dritte Phase ist im Anschluss an die Aufwärmphase, der eingeschwungene Systemzustand. In der letzten Phase finden fast keine dynamischen Änderungen mehr statt. Unter schlechten Randbedingungen ist es möglich, dass der eingeschwungene Zustand nicht erreicht wird. Eine Mittelung der Arbeitsspiele ist nur in der ersten Phase und der dritten Phase sinnvoll. Während des Aufwärmverhaltens ändert sich der Systemzustand von Arbeitsspiel zu Arbeitsspiel. In diesem Bereich müssen die Einzelarbeitsspiele betrachtet werden. Das Matlabskript berechnet zusätzlich die Heizverläufe und die Indizierkennwerte in den entsprechenden Bereichen. Dies ermöglicht eine schnelle Bewertung verschiedener Betriebspunkteinstellungen. Die schnelle Heizverlaufsberechnung erfolgt mittels des ersten thermodynamischen Hauptsatzes, der thermischen Zustandsgleichung und der Massenbilanz. Für den Polytropenexponent ist ein linearer Ansatz mit geschätzter Temperatur gewählt. Die Herleitung der schnellen Heizverlaufsberechnung ist in [87] beschrieben. Die vollständige thermodynamische Analyse erfolgt für das Strömungsverhalten mittels dem Programm GT-Power der Fa. Gamma Technologies und für die Druckverlaufsanalyse mit dem Programmmodul FKFS UserCylinder. Dieses Modul ist dabei in das Strömungsmodell von GT-Power integriert. Während der Berechnung wird das Strömungsmodell mit der Druckverlaufsanalyse gekoppelt. Dadurch wird automatisch die Gaszusammensetzung zu Beginn der Hochdruckphase aus dem Strömungsmodell bezogen. Eine detaillierte Beschreibung des Ablaufs und der Berechnung der Druckverlaufsanalyse ist in

[88] [89] zu finden. Der verwendete Modellansatz zur Berechnung der Stoffwerte wurde in [90] vorgestellt. Für die vollständige Analyse ist eine
Synchronisierung der kurbelwinkelbasierten und der zeitbasierten Messdaten
notwendig. Die thermodynamische Analyse benötigt den Kraftstoffmassen-
strom, den Luftmassenstrom, den effektiven Mitteldruck, den Raildruck, die
Kühlwassertemperaturen, die Temperaturen im Einlass- und Auslasskanal
und die Abgasemissionen. Für die Berechnung ist in GT-Power ein Einzylin-
dermodell aufgebaut, welches die Geometrie des Versuchsmotors abbildet.
Damit stellt es einen Freischnitt aus dem Gesamtmotormodell dar. An den
freien Enden des Modells werden die im Versuch gemessenen Drücke der
Niederdruckindizierung vorgeben. Abbildung 4.9 zeigt schematisch den Aufbau des GT-Power Modells. Die Position der Drucksensoren entspricht exakt
der Einbauposition im Motor. Die Rohrstücke werden in GT-Power entsprechend der Ein- und Auslasskanalgeometrie am Versuchsmotor nachmodel-
liert und entsprechend parametriert. Die Parametrierung erfolgt mit Hilfe von
Messdaten.

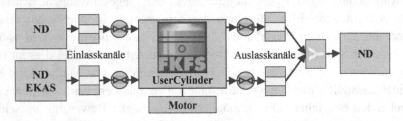

Abbildung 4.9: GT-Power Strömungsmodell und FKFS UserCylinder

Vor und nach dem Modul UserCylinder befinden sich die Ein- und Auslassventile mit den entsprechenden Ventilhubkurven und Durchflussbeiwerten.
Die Durchflussbeiwerte werden mit einem Versuchsaufbau auf einem Blas-
prüfstand ermittelt. Die Abstimmung der Parameter der Druckverlaufsanalyse erfolgt anhand der Messdaten. Für die Abstimmung des Wandwärme-
modells werden unterschiedliche Wandwärmeansätze anhand charakteristi-
scher Messpunkte miteinander verglichen. Als charakteristische Messpunkte
dienen Messpunkte mit und ohne Nacheinspritzung. Die Messpunkte ohne
Nacheinspritzung sind so ausgewählt, dass sie die typische teilhomogene
Verbrennung in einer geringen Zylinderdichte abbilden, wie sie auch wäh-

rend eines Fettsprungs vorliegen. Bei den Messpunkten mit Nacheinspritzung im unterstöchiometrischen Betriebsmodus werden verschiedene Restgasraten und Luftmassen zur Analyse verwendet. Dabei ist es wichtig, dass eine möglichst vollständige Umsetzung des Kraftstoffs erfolgt. Als Abstimmungskriterium werden der Wandwärmeverlauf, das Integral des Wandwärmeverlaufs und die Energiebilanz verglichen. Dabei zeigt sich, dass der Wandwärmeansatz nach Woschni-Huber ([91]) die besten Ergebnisse in der Energiebilanz liefert. Dieser Wandwärmeansatz wird auch für die Auswertungen verwendet. Das Verdampfungsmodell ist für den verwendeten Kraftstoff angepasst.

Im Rahmen dieser Arbeit werden die folgenden Definitionen eingeführt. Die Definition der Energiebilanz ist in Gl. 4.1 zu sehen. Bei dieser Definition wird die maximal freigesetzte Energie des Summenbrennverlaufes gegenüber der eingebrachten Kraftstoffenergie bilanziert. Auf eine Bilanzierung der im Abgas enthaltenen Energie über die Abgasemissionen wird absichtlich verzichtet. Aufgrund der späten Nacheinspritzung während des Fettsprungs kann es dazu kommen, dass während die Auslassventile öffnen, die Wärmefreisetzung noch nicht abgeschlossen ist. Dies würde zu unplausiblen Energiebilanzen führen, da die im Kraftstoff gebundene Energie zum Zeitpunkt Auslassventil-Öffnet noch nicht erfasst wurde und zum Zeitpunkt der Abgasmessung nicht mehr als unverbrannter Kraftstoff gemessen wird.

$$\text{Energiebilanz} = \frac{MAX(Q_B)}{m_B \times H_U} \qquad \text{Gl. 4.1}$$

Q_B Wärme Summenbrennverlauf
m_B Brennstoffmasse
H_U unterer Heizwert

Als Kontrollgröße für den eingebrachten Kraftstoff wird die Kohlenstoffbilanz aus Gl. 4.2 herangezogen. Es werden die Kohlenstoffatome, die sich in den Abgasemissionen befinden, mit den Kohlenstoffatomen, die durch die Kraftstoffmasse eingebracht werden, verglichen. Bei der Bewertung der Ergebnisse muss auch der Kraftstoffanteil berücksichtigt werden, der aufgrund der Ölverdünnung nicht im Abgas gemessen wird. Dieser Teil kann durch die

in dieser Arbeit durchgeführten Messungen abgeschätzt werden. Eine direkte
Messung ist nicht möglich.

$$\text{Kohlenstoffbilanz} = \frac{n_{C_{Abgas}}}{n_{C_{Kraftstoff}}} \qquad \text{Gl. 4.2}$$

n_C Stoffmenge Kohlenstoff

Zur Beschreibung der Güte der Kraftstoffumsetzung im unterstöchiometrischen Motorbetrieb wird der Sauerstoffumsetzungsgrad η_{O2} in Gl. 4.3 eingeführt. Als Bezugswert wird 1 % Restsauerstoffgehalt im Abgas gewählt. Die
Gleichung gilt nur für den unterstöchiometrischen Motorbetrieb. Je geringer
ihr Wert ist, desto schlechter ist die Kraftstoffumsetzung, was in sehr hohen
HC-Emissionen resultiert.

$$\eta_{O_2} = \frac{1}{O_2} \qquad \text{Gl. 4.3}$$

O_2 Sauerstoffkonzentration im Abgas

Die Definition der internen Restgasrate ist in Gl. 4.4 beschrieben. Die Ge-
samtzylindermasse nach dem Schließen der Einlassventile wird über das
Strömungsmodell in GT-Power berechnet. Die berechnete Luftmasse des
Strömungsmodells dient gleichzeitig als Kontrollgröße für den Messwert des
Luftmassenmessers.

$$\text{iRGR} = 1 - \frac{m_{L_{EV}} + m_{eAGR}}{m_{Zyl_{tot}}} \qquad \text{Gl. 4.4}$$

$m_{L_{EV}}$ Frischluftmasse die über das Einlassventil strömt
m_{eAGR} Masse der externen Abgasrückführung
$m_{Zyl_{tot}}$ Gesamtmasse im Zylinder bei Einlassventil-Schließt

Unter der Verbrennungsstabilität wird in dieser Arbeit die Standardabweichung des effektiven Mitteldrucks verstanden. Die Berechnung ist in Gl. 4.5 zu sehen.

$$\sigma_{pmi} = \sqrt{\frac{1}{n-1} * \sum_{i=1}^{n}(pmi_i - \overline{pmi})^2} \qquad \text{Gl. 4.5}$$

mit

$$\overline{pmi} = \frac{1}{n} * \sum pmi \qquad \text{Gl. 4.6}$$

n   Anzahl Arbeitsspiele
i   fortlaufender Zähler der Arbeitsspiele
pmi indizierter Mitteldruck

In dieser Arbeit werden drei verschiedene Verbrennungsluftverhältnisse unterschieden. Die Berechnung des theoretischen Verbrennungsluftverhältnisses ist in Gl. 4.7 dargestellt.

$$\lambda_{theo} = \frac{m_{Luft}}{L_{st} * m_B} \qquad \text{Gl. 4.7}$$

m_{Luft} Luftmasse die vom Luftmassenmesser gemessen wird
m_B Kraftstoffmasse
L_{st} stöchiometrischer Luftbedarf

Das Verbrennungsluftverhältnis nach Brettschneider λ_{Brett} wird über die gemessenen Abgasemissionen berechnet. Die Berechnung ist in [92] beschrieben. Als drittes Verbrennungsluftverhältnis gibt es das gemessene Verbrennungsluftverhältnis der Lambdasonde λ_{Sonde}. Der Versuchsmotor verfügt über zwei Lambda-Breitbandsonden. Diese sind vor und nach Katalysator angeordnet.

Die in dieser Arbeit verwendete Definition des 50%-Umsatzpunktes (U50) gibt an, bei welchem Kurbelwinkel 50 % der Zylinderladung verbrannt sind [93]. Bei Verwendung später Nacheinspritzungen bietet sich ein Verfahren nach [94] an. Dabei wird die Umsatzpunkt-Berechnung in mehrere Abschnitte eingeteilt.

5 Grunduntersuchung zur Absenkung der Luftmasse

5.1 Androsselungspotenzial des Motors

In diesem Unterkapitel wird das Androsselungspotenzial des Versuchsmotors untersucht. Dafür wird bei mehreren zweiten Auslassventilhub-Stellungen und einer Motordrehzahl von 1500 1/min sukzessive die Frischluftmasse verringert. Die Stellgröße ist die Drosselklappe. Ausgehend von voll geöffnet wird sie stufenweise geschlossen. Das Einspritzprofil besteht aus einer Haupteinspritzung. Der Einspritzzeitpunkt ist so gewählt, dass sich ein U50 von 8 °KWnOT ergibt. Die Betriebspunkte werden stationär betrieben und im eingeschwungenen Zustand gemessen. Die Messzeit und die Mittelungszeit der Messdaten beträgt 30 s. Abbildung 5.1 zeigt die minimal möglich darstellbare Frischluftmasse bei mehreren zweiten Auslassventilhub-Stellungen. Entscheidend für das Androsselungspotenzial ist die Verbrennungsstabilität. Wird diese zu instabil, kann die Frischluftmasse nicht weiter abgesenkt werden. Es ist deutlich zu erkennen, dass das Androsselungspotenzial mit steigendem zweitem Auslassventilhub zunimmt. Mit konventionellen Steuerzeiten (0,0 mm zweiter AVH) ergibt sich eine geringste Frischluftmasse von 211 mg/ASP. Bei einem zweiten Auslassventilhub von 1,55 mm kann eine Frischluftmasse von 116 mg/ASP erreicht werden. Durch eine weitere Steigerung des zweiten Auslassventilhubs kann die Frischluftmasse nicht weiter abgesenkt werden.

Für den gleichen U50 muss mit zunehmendem zweitem Auslassventilhub später eingespritzt werden. In Abbildung 5.1 sind an den Messpunkten mit geringster Luftmasse jeweils die korrespondierenden internen Restgasraten angegeben. Dabei ist zu erkennen, dass bereits bei einem zweiten Auslassventilhub von 1,55 mm die interne Restgasrate 62 % beträgt. Bei den Messpunkten mit höheren Frischluftmassen nehmen die internen Restgasraten bei gleichem zweitem Auslassventilhub aufgrund der Druckdifferenz von Ansaug- zu Abgasdruck ab.

© Der/die Autor(en), exklusiv lizenziert durch
Springer Fachmedien Wiesbaden GmbH, ein Teil von Springer Nature 2022
M. Brotz, *NOx-Speicherkatalysatorregeneration bei Dieselmotoren mit variablem Ventiltrieb*, Wissenschaftliche Reihe Fahrzeugtechnik Universität Stuttgart,
https://doi.org/10.1007/978-3-658-36681-0_5

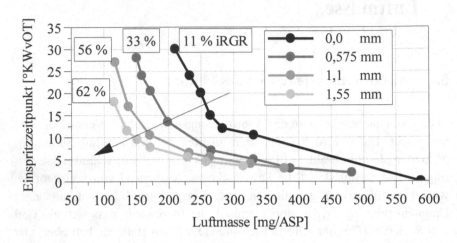

Abbildung 5.1: Luftmassenreduktion bei verschiedenen zweiten AVH

Abbildung 5.2 zeigt einen thermodynamischen Vergleich von zwei unterschiedlichen zweiten Auslassventilhüben bei gleicher Luft- und Kraftstoffmasse. Die internen Restgasraten betragen 10 % und 25 %. Der Einspritzzeitpunkt muss bei der 10 % iRGR-Messung um 8 °KW früher erfolgen, um eine annähernd gleiche U50-Lage zu erreichen. Diese liegt bei der Messung mit 10 % iRGR bei 7,1 °KWnOT und bei der Messung mit 25 % iRGR bei 7,7 °KWnOT. Die Messung mit höherer interner Restgasrate enthält eine höhere Massenmitteltemperatur T_m und einen höheren Zylinderdruck p_{Zyl} während der Kompressionsphase. Die Charakteristik beider Wärmefreisetzungen entspricht der einer typischen teilhomogenen Verbrennung, vgl. Kapitel 2.1.2. Die Niedertemperaturreaktionen sind in beiden Brennverläufen dQ_B zu erkennen.

Die Messung mit 10 % iRGR zeigt trotz längerer Gemischaufbereitungszeit und niedrigerem Inertgasanteil eine längere Brenndauer. Gleiches Verhalten ergibt sich während der Luftmassenvariation mit konstantem zweitem Auslassventilhub und konstanter Kraftstoffmasse, siehe Abbildung 5.3. Mit abnehmender Luftmasse und abnehmendem Zylinderdruck während der Kompressionsphase muss der Einspritzzeitpunkt, für eine gleiche U50-Lage, zu einem früheren Kurbelwinkel erfolgen. Trotz des früheren Einspritzzeitpunkts und der längeren Gemischaufbereitungszeit verlängert sich die Brenndauer.

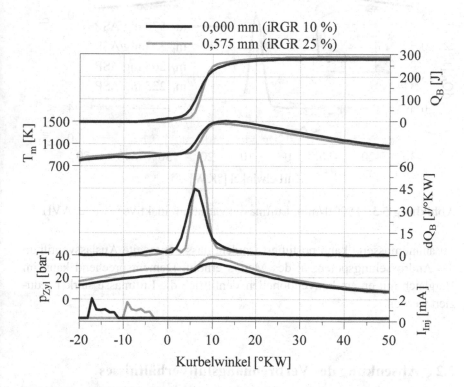

Abbildung 5.2: 1500 1/min, DVA, Vergleich 10 % iRGR vs. 25 % iRGR, m_{Luft} 265 mg/ASP, Lambda$_{Sonde}$ 2,6

Durch die längere Gemischaufbereitungszeit kommt es bei geringeren Luftmassen zu einer Ausmagerung des Gemischs. Ein Hinweis drauf sind die zunehmenden Kohlenwasserstoffemissionen mit abnehmender Luftmasse. Das Verbrennungsluftverhältnis des Messpunktes mit geringster Luftmasse beträgt 2,3. Der Bereich der Niedertemperaturreaktionen wird mit steigender Luftmasse kürzer.

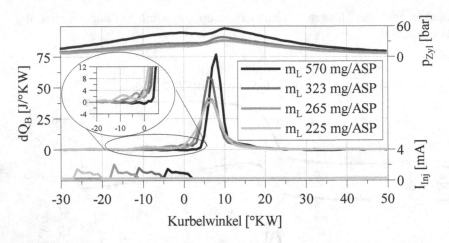

Abbildung 5.3: 1500 1/min, Luftmassenvariation, inaktiver zweiter AVH

Zusammenfassend kann postuliert werden, dass der zweite Auslassventilhub das Androsselungspotenzial des Motors erhöht. Dementsprechend kann im Vergleich mit einem konventionellen Ventiltrieb die Luftmasse stärker reduziert werden.

5.2 Absenkung des Verbrennungsluftverhältnisses

Ausgehend von den Betriebspunkten mit den geringsten Frischluftmassen aus Kapitel 5.1 wird in diesem Unterkapitel untersucht, ob ein sinnvoller unterstöchiometrischer Motorbetrieb für die NOx-Speicherkatalysatorregeneration mit nur einer Haupteinspritzung möglich ist.

Um einen unterstöchiometrischen Teillastbetrieb mit nur einer Einspritzung darstellen zu können, ist eine möglichst geringe Frischluftmasse erforderlich. Die Frischluftmasse und die Kraftstoffmasse sind über das Verbrennungsluftverhältnis miteinander verknüpft. Entsprechend ist das Drehmoment an die Kraftstoffmasse gekoppelt. Daraus ergibt sich, dass das geringste Drehmoment mit einer Einfacheinspritzstrategie bei der geringsten Frischluftmasse zu erwarten ist. Abbildung 5.4 zeigt für die verschiedenen zweiten

Auslassventilhübe und die entsprechend geringsten Frischluftmassen eine Erhöhung der Kraftstoffmasse. Die Startpunkte der Variation sind die Messpunkte mit höheren Verbrennungsluftverhältnissen, außerdem sind sie mit den internen Restgasraten beschriftet. Ausgehend von diesen wird die Kraftstoffmasse sukzessive erhöht. Mit zunehmender Kraftstoffmasse steigt der effektive Mitteldruck p_{me} an. Ohne zweiten Auslassventilhub kann das Verbrennungsluftverhältnis ab einem Wert von 1,37 aufgrund des maximalen Druckgradienten nicht weiter abgesenkt werden. Eine Spätverstellung des Einspritzzeitpunktes ist aufgrund der Verbrennungsstabilität nicht möglich. Mit höheren internen Restgasraten lassen sich tendenziell niedrigere Verbrennungsluftverhältnisse erreichen.

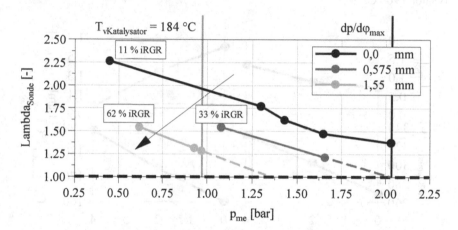

Abbildung 5.4: Absenkung des Verbrennungsluftverhältnisses bei unterschiedlichen zweiten Auslassventilhüben

Die Abgastemperaturen befinden sich jedoch auf einem sehr geringen Niveau. Bei einem zweiten Auslassventilhub von 1,55 mm und einem Verbrennungsluftverhältnis von 1,28 beträgt diese lediglich 184 °C vor Katalysator. Damit liegt sie deutlich unter der für eine ausreichende NOx-Speicherkatalysatorregeneration benötigten Temperatur [63] [64] [65] [95]. Ein unterstöchiometrischer Regenerationsbetrieb für den unteren Teillastbereich mit nur einer Einspritzung erscheint deshalb nicht sinnvoll. In seinen theoreti-

schen Untersuchungen zeigte [63] außerdem die Notwendigkeit einer Aufteilung der Einspritzmasse bezüglich Vorteilen in den Rußemissionen.

Abbildung 5.5 zeigt das Zuschalten einer Nacheinspritzung. Die Nacheinspritzmasse wird in zwei Milligramm-Schritten erhöht. Der Nacheinspritzzeitpunkt liegt bei 20 °KWnOT. Ein späterer Einspritzzeitpunkt garantiert
keine zuverlässige Zündung. Die Messungen erfolgen weiterhin im stationären Betrieb. Die Haupteinspritzmasse beträgt 5,2 mg/ASP und wird konstant
über die Messreihe gehalten. Bei einer Nacheinspritzmasse von 4 mg/ASP
wird das Verbrennungsluftverhältnis $Lambda_{Sonde}$ unterstöchiometrisch. Der
effektive Mitteldruck p_{me} beträgt 1,3 bar und die Abgastemperatur vor Katalysator 190 °C.

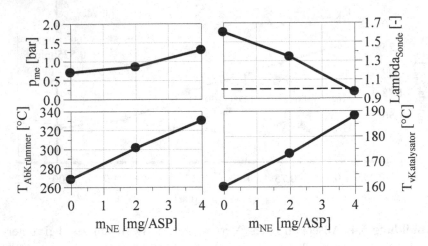

Abbildung 5.5: 1500 1/min, Messgrößen m_{NE}-Variation, iRGR 60 %, m_{Luft}
125 mg/ASP

Abbildung 5.5 verdeutlicht, dass für die Entwicklung einer effektiven NOx-
Speicherkatalysatorregenerationsstrategie im unteren Teillastbetrieb mit hohen internen Restgasraten eine Mehrfacheinspritzstrategie erforderlich ist.
Mit hohen internen Restgasraten und minimaler Frischluftmasse gelingt es,
den unterstöchiometrischen Betrieb bei relativ geringem effektivem Mitteldruck darzustellen, jedoch befindet sich die Abgastemperatur vor dem NOx-
Speicherkatalysator auf einem sehr geringen Niveau. Daraus lässt sich ablei-

ten, dass eine effektive NSK-Regeneration im unteren Teillastbetrieb nicht zwingend bei der geringsten Luftmasse zu erwarten ist.

Abbildung 5.6 zeigt die entsprechenden Brennverläufe dQ_B der drei Messungen mit den unterschiedlichen Nacheinspritzmassen. Die Frischluftmasse und die interne Restgasrate sind in allen drei Messpunkten gleich. Die Gaszusammensetzung der internen Restgasrate ändert sich mit der Nacheinspritzmasse. Je höher diese wird, desto mehr Inertgas ist enthalten. Bei der Messung mit unterstöchiometrischem Verbrennungsluftverhältnis Lambda$_{Sonde}$ ist neben dem Inertgas ein gewisser Teil unverbrannter Kraftstoff enthalten. Durch den im zurückgesaugten Abgas enthaltenen Inertgasanteil kommt es mit steigender Nacheinspritzmasse zu längeren Brenndauern und geringeren maximalen Brennraten. Dies bedeutet, dass bei hohen internen Restgasraten eine Rückkopplung ausgehend von der Nacheinspritzung auf den Verlauf der Haupteinspritzung entsteht. Diese Rückkopplung gewinnt mit sinkendem Verbrennungsluftverhältnis an Bedeutung.

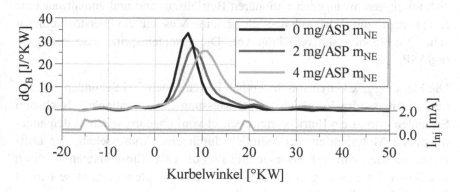

Abbildung 5.6: 1500 1/min, Brennverlauf m_{NE}-Variation, iRGR 60 %, Zyl. 1

5.3 Dynamischer Betriebsartenwechsel

Die Untersuchungen in den Unterkapiteln 5.1 und 5.2 fanden im stationären Motorbetrieb statt. Die Betriebspunkte sind im eingeschwungenen Zustand gemessen und dementsprechend ausgewertet. In diesem Unterkapitel wird der dynamische Betriebsartenwechsel eingeführt. Die genaue Vorgehensweise und die Messprozedur sind bereits in Unterkapitel 4.2 beschrieben. Dabei wird zur Vorkonditionierung zuerst ein stationärer überstöchiometrischer Betriebspunkt eingestellt. Im nächsten Schritt erfolgt das Umschalten in den unterstöchiometrischen Motorbetrieb und im Anschluss nach Ablauf einer definierten Zeit wird wieder zum überstöchiometrischen Ausgangsbetriebspunkt zurückgeschaltet. Die Messungen in Abbildung 5.7 besitzen alle die gleiche Haupteinspritzmasse von 7 mg/ASP. Der zweite Auslassventilhub ist bei allen Messungen inaktiv.

Die Messung „ECU stationär" enthält keinen Betriebsartenwechsel, befindet sich im eingeschwungenen stationären Betriebszustand und enthält nur eine Haupteinspritzung. Dadurch liegt die gesamte Messzeit ein überstöchiometrisches Verbrennungsluftverhältnis vor. Die Haupteinspritzmasse beträgt 7 mg/ASP.

Die Messung „ECU dynamisch" enthält in den ersten drei Sekunden eine höhere Luftmasse im Vergleich zu der Messung „ECU stationär". Nach drei Sekunden erfolgt ein Betriebsartenwechsel vom ungedrosselten in den angedrosselten Motorbetrieb, der lediglich durch eine Androsselung der Luftmasse realisiert wird. Ab Sekunde drei sind die ECU-Einstellungen identisch mit denen der Messung „ECU stationär". Die Haupteinspritzmasse beträgt 7 mg/ASP über die gesamte Betriebsdauer.

Die Messung „ECU dynamisch m. NE" enthält einen dynamischen Betriebsartenwechsel. Innerhalb der ersten drei Sekunden sind die ECU-Einstellungen identisch mit denen der Messung „ECU dynamisch". Nach den ersten drei Sekunden im überstöchiometrischen Motorbetrieb erfolgt die Betriebsartenumschaltung in den unterstöchiometrischen Motorbetrieb über das Zuschalten einer Nacheinspritzung und die Androsselung der Luftmasse. Die Haupteinspritzmasse bleibt unverändert bei 7 mg/ASP. Ab Sekunde drei besitzen alle Messungen die gleiche Luftmasse. Die ECU-Einstellung der Messung „ECU dynamisch m. NE" unterscheidet sich lediglich durch die Nacheinspritzung von den anderen beiden Messungen.

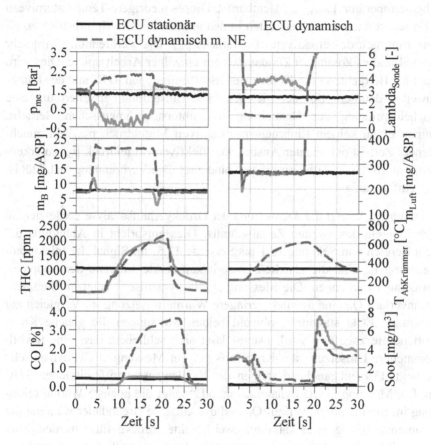

Abbildung 5.7: 1500 1/min, Messgrößen, Einfluss des Betriebsartenwechsels auf das Motorverhalten

Obwohl die Messungen „ECU stationär" und „ECU dynamisch" ab der dritten Sekunde exakt die gleichen ECU-Einstellungen besitzen, ergibt sich ab diesem Zeitpunkt ein unterschiedliches Motorverhalten. Daraus lässt sich die hohe Relevanz der initialen Randbedingungen ableiten. Die Messung „ECU stationär" befindet sich in einem stationär eingeschwungenen Betriebszustand und besitzt damit ein ausreichendes Temperaturniveau für eine stabile

Verbrennung. Wohingegen der Messung „ECU dynamisch" ein ungedrosselter Motorbetrieb mit geringerem Temperaturniveau vorausgeht, was in der Abgastemperatur $T_{AbKrümmer}$ sichtbar ist. Dieses niedrigere Temperaturniveau führt sofort nach dem Umschalten in den angedrosselten Motorbetrieb zu einem Einbruch des effektiven Mitteldrucks p_{me}. Die Verbrennung wird sehr instabil und es kommt zu Zündaussetzern einzelner Arbeitsspiele. Dies wird auch bei Betrachtung der Kohlenwasserstoffemissionen THC und des Lambdawertes deutlich. Bei der gleichen ECU-Einstellung, erweitert um eine Nacheinspritzung zur Darstellung des unterstöchiometrischen Betriebs, kommt es zu keinem Einbruch im effektiven Mitteldruck p_{me}. Mit zunehmender Zeit ist ein leichter Anstieg im effektiven Mitteldruck p_{me} zu erkennen, was auf einen Aufwärmprozess hindeutet. Die Verbrennungsstabilität ist von Anfang an gut.

Abbildung 5.8 zeigt die Auswertung der Druckverlaufsanalyse der letzten 30 Arbeitsspiele des zweiten Zeitabschnitts. Dies entspricht in Abbildung 5.7 dem Bereich von Sekunde 15,1 bis Sekunde 17,5. Im Signal der Injektoransteuerung I_{Inj} sind die gleichen Einspritzzeitpunkte während der Haupteinspritzung zu erkennen. Die Messung „ECU dynamisch" zeigt im Summenbrennverlauf Q_B eine deutlich geringere Wärmefreisetzung im Vergleich zur Messung „ECU stationär", obwohl beiden Messungen die gleiche Kraftstoffenergie zugeführt wird. Daraus lässt sich schließen, dass eine unvollkommenere Umsetzung des Kraftstoffs bei der Messung „ECU dynamisch" vorliegt. Dementsprechend steigen die Kohlenwasserstoffemissionen THC an. Die Messung „ECU dynamisch m. NE" zeigt die höchste Wärmefreisetzung im Summenbrennverlauf Q_B und die kürzeste Brenndauer während der Haupteinspritzung. Dies kann auf zwei Effekte zurückgeführt werden. Zum einen gibt es auch bei inaktivem zweitem Auslassventilhub einen gewissen Anteil an Restgas im Zylinder, in diesem Fall 6 %. Dieses Restgas enthält im unterstöchiometrischen Betrieb unverbrannten Kraftstoff, welcher die Zündbedingungen verbessert und Kraftstoffumsetzung der Haupteinspritzung fördert. Zum anderen wird während des Hochdruckteils des Arbeitsspiels ein höheres Temperaturniveau erreicht, was zu einem größeren Wärmeeintrag in den Brennraum führt. Durch das Aufheizen der entsprechenden Bauteile, wie der Brennraumwand oder dem Kolben, werden die Zündbedingungen für die Haupteinspritzung verbessert.

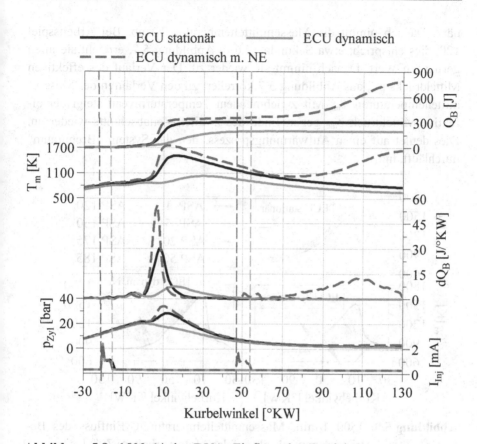

Abbildung 5.8: 1500 1/min, DVA, Einfluss des Betriebsartenwechsels auf das Motorverhalten

Abbildung 5.9 zeigt die Massenmitteltemperaturen T_m der verschiedenen Messungen zu unterschiedlichen Zeitpunkten. Arbeitsspiel 1 entspricht dem ersten Arbeitsspiel nach dem Betriebsartenwechsel bzw. nach Ablauf der ersten drei Sekunden. Das obere linke Diagramm zeigt die Messung „ECU stationär". Erkennbar ist die geringe Schwankung in der Massenmitteltemperatur T_m. Die Messung „ECU dynamisch" im unteren linken Diagramm, zeigt deutlich höhere Schwankungen in der Massenmitteltemperatur T_m. Das erste Arbeitsspiel nach der Umschaltung in den angedrosselten Motorbetrieb enthält ein vergleichbares Temperaturniveau wie die Messung „ECU stationär". Danach nimmt die Massenmitteltemperatur T_m ab. Bei Arbeitsspiel 120, dies entspricht etwa Sekunde 12,6 in Abbildung 5.7, erreicht sie ihren geringsten Wert. Danach nimmt sie wieder zu. Der Verlauf des effektiven Mitteldrucks p_{me} aus Abbildung 5.7 korreliert zu den Verläufen der Massenmitteltemperaturen T_m. Mit zunehmendem Temperaturniveau steigt der effektive Mitteldruck p_{me} gegen Ende des zweiten Zeitabschnitts wieder an. Dies deutet auf einen Aufwärmungsprozess, den das System „Brennraum" durchläuft, hin.

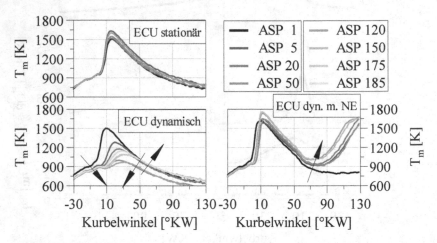

Abbildung 5.9: 1500 1/min, Massenmitteltemperaturen, Einfluss des Betriebsartenwechsels auf das Motorverhalten, Zyl. 1

Ein Aufwärmprozess ist auch in den Verläufen der Massenmitteltemperaturen T_m der Messung „ECU dynamisch m. NE" zu erkennen. Direkt nach dem Betriebsartenwechsel zündet die Nacheinspritzung des ersten Arbeitsspiels nicht. Mit zunehmender Arbeitsspielnummer erhöht sich die Massenmitteltemperatur T_m während der Nacheinspritzung, zudem kommt es zu einer früheren Wärmefreisetzung. Dies ist an dem früheren Anstieg der Massenmitteltemperatur T_m zu Beginn der Nacheinspritzung bei späteren Arbeitsspielen zu erkennen. Die Nacheinspritzung ermöglicht durch den hohen Wärmeeintrag in den Brennraum einen schnelleren Aufwärmprozess im Vergleich zur Messung „ECU dynamisch".

5.4 Einfluss der Kühlwassertemperatur

Zur detaillierteren Untersuchung der in Unterkapitel 5.3 beobachteten Emp-
findlichkeit des Brennverfahrens auf den Betriebsartenwechsel wird in diesem Unterkapitel der Einfluss der Kühlwassertemperatur untersucht. Die in
Abbildung 5.10 dargestellten Messungen beinhalten einen Betriebsartenwechsel vom ungedrosselten in den angedrosselten Motorbetrieb. Das Verbrennungsluftverhältnis Lambda$_{Sonde}$ ist über die gesamte Messzeit überstöchiometrisch. Die Einspritzstrategie besteht aus einer Haupteinspritzung. Die
Haupteinspritzmasse beträgt 7,1 mg/ASP über die gesamte Messzeit.

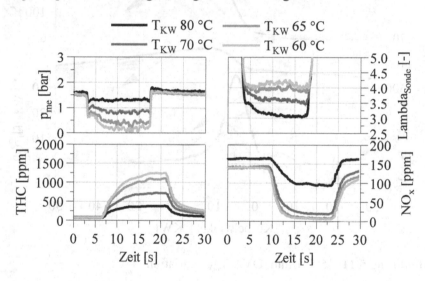

Abbildung 5.10: 1500 1/min, Messgrößen T$_{KW}$-Variation mit Betriebsartenwechsel, eine aktive Einspritzung

Die Luftmasse beträgt 313 mg/ASP während des angedrosselten Betriebs.
Der Betriebspunkt bei einer Kühlwassertemperatur von 80 °C ist so gewählt,
dass er auch im angedrosselten Betrieb direkt nach der Betriebsartenumschaltung kein Aufwärmverhalten zeigt und eine hohe Verbrennungsstabilität
besitzt, siehe Abbildung 5.10. Ausgehend von diesem wird sukzessive die
Kühlwassertemperatur abgesenkt. Bereits bei einer Absenkung um 10 K

sinkt der effektive Mitteldruck p_{me} deutlich, trotz gleicher ECU-Einstellungen. Die Kohlenwasserstoffemissionen THC, die Kohlenmonoxidemissionen CO und das Verbrennungsluftverhältnis Lambda$_{Sonde}$ steigen an, was auf eine unvollständige Verbrennung schließen lässt. Abbildung 5.11 zeigt das Ergebnis der Druckverlaufsanalyse.

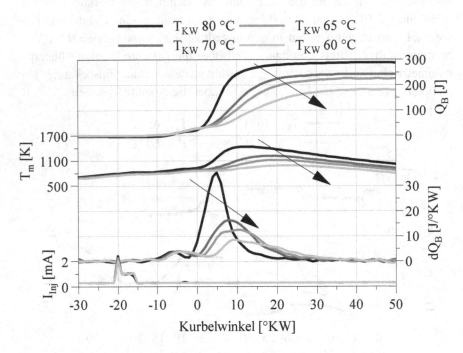

Abbildung 5.11: 1500 1/min, DVA T_{KW}-Variation

Der Einfluss der Kühlwassertemperatur auf den Verbrennungsablauf ist in der Brennrate dQ_B deutlich zu erkennen. Die maximale Brennrate dQ_{Bmax} und die freigesetzte Wärme im Summenbrennverlauf Q_B sinken mit abnehmender Kühlwassertemperatur. Zudem wird die Brenndauer länger und die Verbrennungsstabilität schlechter. Dies ist ein weiterer Beleg dafür, dass die initialen Randbedingungen und die Bauteiltemperaturen innerhalb des Brennraums bei sehr geringen Luftmassen eine bedeutende Rolle einnehmen.

Zusammenfassend zeigt dieses Kapitel folgendes:

■ Die Frischluftmasse kann bei Verwendung des zweiten aktiven Auslassventilhubs im Vergleich zu inaktivem zweitem Auslassventilhub deutlich reduziert werden.

■ Für die Darstellung einer sinnvollen NSK-Regeneration im unteren Teillastbetrieb werden mindestens zwei Einspritzungen benötigt. Ohne
zweiten aktiven Auslassventilhub wird der Druckgradient zu hoch und
mit zweitem aktivem Auslassventilhub ist das Abgastemperaturniveau
sehr gering.

■ Die Betriebsstrategie des minimalen effektiven Mitteldrucks ist für eine
NSK-Regeneration nicht zwingend bei der geringsten Frischluftmasse
zu erwarten.

■ Bei Verwendung eines dynamischen Betriebsartenwechsels finden mit
fortschreitender Zeit Aufwärmprozesse statt.

■ Im angedrosselten Motorbetrieb, bei nur einer aktiven Einspritzung, reagiert das Brennverfahren sehr sensitiv auf die Randbedingungen, wie einen Betriebsartenwechsel oder die Kühlwassertemperatur.

■ Der dynamische Betriebsartenwechsel muss bei der Entwicklung einer
optimalen NSK-Regenerationsstrategie miteinbezogen werden.

6 Analyse des unterstöchiometrischen Brennverfahrens

6.1 Variation der internen Restgasrate

Dieses Kapitel beschäftigt sich mit der Grundlagenuntersuchung des unterstöchiometrischen Brennverfahrens. Wie bereits in Kapitel 4.3 beschrieben, sind nur zwei Einspritzungen aktiv. Ziel ist die Beschreibung, der grundlegenden Wirkzusammenhänge einzelner Parameter auf das unterstöchiometrische Brennverfahren.

Abbildung 6.1 zeigt die Druckverlaufsanalyse der Variation der internen Restgasrate. Ausgehend vom Verlauf der schwarzen Kurve (iRGR 8 %) nimmt die interne Restgasrate stetig zu. Die Einspritzparameter sowie die Luftmasse werden während des unterstöchiometrischen Betriebs konstant gehalten und somit auch das theoretische Verbrennungsluftverhältnis λ_{theo} aus eingebrachter Kraftstoff- und Luftmasse. Dadurch lassen sich die Effekte der internen Restgasrate auf das Brennverfahren differenziert betrachten. Die Messungen beinhalten einen dynamischen Betriebsartenwechsel. Die Vorgehensweise ist in Kapitel 4.3 beschrieben. Die wichtigsten ECU-Einstellparameter sind in Tabelle 6.1 aufgelistet.

Tabelle 6.1: Betriebspunktparameter iRGR-Variation

Drehzahl 1/min	m_{HE} mg/ASP	m_{NE} mg/ASP	ESZ_{HE} °KWvOT	ESZ_{NE} °KWnOT	m_{Luft} mg/ASP
1500	5,5	12	14	40	232

In Abbildung 6.1 ist zu erkennen, dass mit zunehmender interner Restgasrate die Wärmefreisetzung während der Haupteinspritzung deutlich ansteigt. Dies wird sowohl im Brennverlaufsmaximum dQ_{Bmax} als auch im kumulierten Wert des Summenbrennverlaufs Q_B deutlich. Im Detailausschnitt in Abbil-

© Der/die Autor(en), exklusiv lizenziert durch
Springer Fachmedien Wiesbaden GmbH, ein Teil von Springer Nature 2022
M. Brotz, *NOx-Speicherkatalysatorregeneration bei Dieselmotoren mit variablem Ventiltrieb*, Wissenschaftliche Reihe Fahrzeugtechnik Universität Stuttgart,
https://doi.org/10.1007/978-3-658-36681-0_6

dung 6.2 ist zu sehen, dass die „Cool Flame" bei allen Restgasraten innerhalb einem Grad-Kurbelwinkel etwa zum selben Zeitpunkt beginnt. Der Bereich des „Negative Temperature Coefficent Regime" (NTC) ist abhängig von der internen Restgasrate. Je höher die interne Restgasrate wird, desto kürzer wird der NTC-Bereich und umso früher zündet die „Hot-Flame". Bei höheren internen Restgasraten nimmt die Zylinderfüllung zu. Gleichzeitig nimmt dadurch im unterstöchiometrischen Betrieb das Verhältnis von Sauerstoff- zu Gesamtzylindermasse bei Einlass-Schließt ab, da bei gleicher Frischluftmasse mehr Abgas zurückgeführt wird.

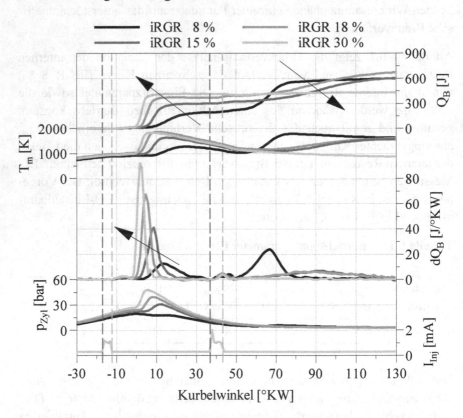

Abbildung 6.1: 1500   1/min,   DVA   iRGR-Variation,   Einzelarbeitsspiel
Nr. 164, Zyl. 1

Zum Zeitpunkt der Haupteinspritzung wirken sich der höhere Druck und die höhere Temperatur im Zylinder positiv auf die Zündbedingungen aus. Durch diese und durch den im rückgesaugten Abgas vorhandenen unverbrannten Kraftstoff kommt es zu einer höheren Wärmefreisetzung im Brennverlauf dQ_B, siehe Abbildung 6.1. Außerdem wird die Brenndauer der Haupteinspritzung mit zunehmender interner Restgasrate kürzer. Bei der Nacheinspritzung finden nach einer sehr kurzen Gemischaufbereitungszeit eine Vorreaktion bzw. eine Vor-Wärmefreisetzung und die Verdampfung simultan statt, was an einem Anstieg in der Brennrate dQ_B zu erkennen ist. Durch die hohe Temperatur im Brennraum werden die schnelle Verdampfung des Kraftstoffs und damit die Vorreaktionen gefördert. Die Massenmitteltemperatur T_m liegt bei 8 % iRGR bei 1180 K zum Zeitpunkt der Nacheinspritzung. Die Massenmitteltemperaturen der anderen Messungen sind höher. Im Anschluss an die Vorreaktionen erfolgt die Hauptumsetzung des eingespritzten Kraftstoffs. Diese Umsetzung ist sehr stark von der Gemischzusammensetzung zum Zeitpunkt der Nacheinspritzung und dementsprechend auch von der internen Restgasrate abhängig.

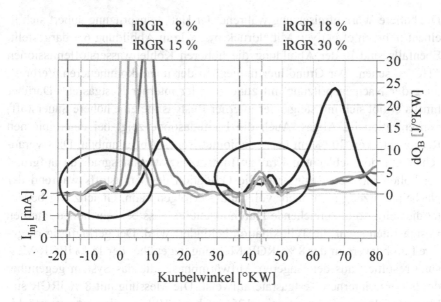

Abbildung 6.2: Detailausschnitt Brennverlauf, iRGR-Variation

Zwei Faktoren mit hoher Relevanz sind der Sauerstoffgehalt und das unverbrannte Gemisch aus der Haupteinspritzung. Trotz niedrigerer Massenmitteltemperatur T_m und niedrigerem Druck p_{Zyl} der Messungen mit geringerer interner Restgasrate besitzen diese eine höhere Wärmefreisetzung während der Nacheinspritzung. Deutlich ist dies sowohl im Summenbrennverlauf Q_B als auch in der Brennrate dQ_B zu beobachten. Dies bedeutet, dass die höhere Massenmitteltemperatur T_m und der höhere Druck p_{Zyl} durch den verfügbaren Sauerstoff, das Verhältnis von Sauerstoff- zu Gesamtzylindermasse und den unverbrannten Kraftstoff aus der Haupteinspritzung überkompensiert werden. Bei höheren internen Restgasraten muss erst eine ausreichende Durchmischung von Kraftstoff und Sauerstoff erfolgen, damit die lokalen Zündbedingungen erreicht werden. Die Abwärtsbewegung des Kolbens wirkt hier ebenfalls hemmend, da das Durchmischungsvolumen größer wird. Bei zu hohen internen Restgasraten, wie beispielsweise bei 30 % iRGR, erfolgt nach den Vorreaktionen keine weitere Wärmefreisetzung. Die Durchmischung von Sauerstoff und Kraftstoff, um zündfähiges Gemisch zu bilden, ist aufgrund der hohen internen Restgasrate zu schlecht.

Die höhere Wärmefreisetzung während der Haupteinspritzung äußert sich in einem höheren effektiven Mitteldruck p_{me}, wie in Abbildung 6.3 dargestellt. Ebenfalls sind in der Abbildung die höheren Kohlenwasserstoffemissionen THC zu sehen. Der Grund hierfür liegt in der unvollkommeneren Verbrennung der Nacheinspritzung mit zunehmender interner Restgasrate. Darüber hinaus ergibt sich mit steigender interner Restgasrate eine höhere Sauerstoffkonzentration im Abgas. Auch die Lambdasonde zeigt bei einer internen Restgasrate von 30 % ein überstöchiometrisches Abgaslambda. Dies veranschaulicht den schlechten Kraftstoffumsetzungswirkungsgrad, da aufgrund der hohen internen Restgasrate die Oxidation des Kraftstoffs während der Nacheinspritzung nicht mehr vollständig erfolgen kann. Gleichzeitig bedeutet dies eine so unzureichende Durchmischung, dass bei sehr hohen internen Restgasraten sogar die Teiloxidation behindert wird. Der geringfügig magerere Lambdaverlauf der 8 % iRGR Messung gegenüber der 15 % iRGR Messung resultiert aus der längeren Aufwärmphase, die das System gegenüber der höheren internen Restgasrate aufweist. Die Messung mit 8 % iRGR stabilisiert sich erst ab Arbeitsspiel 125, nach ca. 10 Sekunden im unterstöchiometrischen Motorbetrieb. Bei den Rußemissionen zeigt die Messung iRGR

8 % den höchsten Wert. Grund hierfür liegt höchstwahrscheinlich am höheren Temperaturniveau während der Nacheinspritzung. Dieses ist zu hoch, um die Rußbildungsmechanismen zu unterdrücken, siehe Kapitel 2.1.2.

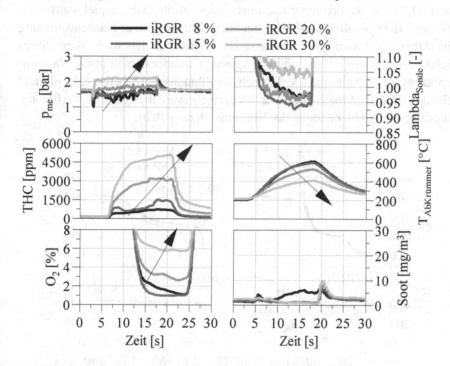

Abbildung 6.3: 1500 1/min, Messgrößen iRGR-Variation

Bei sehr hohen internen Restgasraten kann es neben der oben angesprochenen Nicht-Zündung der Nacheinspritzung zu einem Effekt kommen, bei dem die Nacheinspritzung nur jedes zweite Arbeitsspiel zündet. Dies wird in Abbildung 6.4 veranschaulicht. Zu sehen sind die Summenbrennverläufe Q_B der einzelnen Messungen mit den unterschiedlichen Restgasraten. Jedes Diagramm zeigt für eine bestimmte Restgasrate mehrere konsekutive Arbeitsspiele gegen Ende des unterstöchiometrischen Betriebs. Im linken oberen Schaubild der Abbildung 6.4 befindet sich ein nur sehr geringer Anteil Restgas im Zylinder zum Zeitpunkt Einlass-Schließt. Die Zündbedingungen für die Nacheinspritzung werden bei jedem Arbeitsspiel erreicht. Wird der interne Restgasanteil bei gleichen ECU-Einstellungen erhöht, so wird die Verbrennung zunehmend instabiler (Abb. 6.4, oben rechts). Im unteren linken Diagramm ist zu sehen, dass ab einer internen Restgasrate zwischen 15 % und 20 % die Verbrennung nur noch jedes zweite Arbeitsspiel stattfindet. Dieser Effekt beruht darauf, dass bei Nicht-Zündung einer Nacheinspritzung im Arbeitsspiel x die Inertgasmasse im Abgas reduziert wird. Wird dieses relativ zündfreudige Gemisch zurückgesaugt, zündet daraufhin die Nacheinspritzung des Arbeitsspiels x+1. Nach der Zündung im Arbeitsspiel x+1 steht für das nächste Arbeitsspiel x+2 wieder sehr viel Inertgas zur Verfügung, was zu einer Nicht-Zündung der Nacheinspritzung führt.

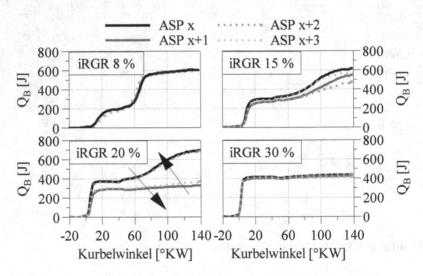

Abbildung 6.4: Summenbrennverläufe konsekutiver Arbeitsspiele

Ein zusätzlicher Effekt ist, dass zündende und nicht-zündende Arbeitsspiele unterschiedliche interne Restgasraten aufweisen. Im Fall des in Abbildung 6.4 unten links dargestellten Diagramms erhöht sich die interne Restgasrate um 4 % von 18 % bei ASP x auf 22 % bei ASP x+1. In der Abbildung angegeben ist die mittlere interne Restgasrate von 20 %.

Ein weiterer Effekt, der bei hohen internen Restgasraten auftreten kann, ist die ungleiche Verteilung der internen Restgasmasse pro Zylinder. Dies führt zu zylinderindividuellen Startbedingungen und somit zu unterschiedlichen indizierten Mitteldrücken. Abbildung 6.5 zeigt zylinderindividuell konsekutive Arbeitsspiele bei einer hohen internen Restgasrate von 20 %. Gut zu erkennen ist, dass die Nacheinspritzung von Zylinder drei (unteres linkes Diagramm) immer in einer gewissen Wärmefreisetzung resultiert, während die Nacheinspritzungen der anderen Zylinder nur in jedem zweiten Arbeitsspiel Wärme freisetzen. Zurückzuführen ist dies auf die Gasdynamik im Abgastrakt. Hier ergeben sich durch Druckpulsationen unterschiedliche interne Restgasraten in den einzelnen Zylindern.

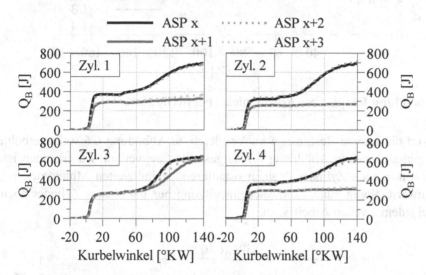

Abbildung 6.5: Summenbrennverläufe aller Zylinder bei iRGR 20 %

Im indizierten Mitteldruck p_{mi} in Abbildung 6.6 sind zum einen die zylinderindividuellen und zum anderen die arbeitsspielindividuellen Unterschiede zu erkennen. Zylinder 3 zeigt eine deutlich geringere Zyklenschwankung aufgrund der oben beschriebenen Effekte. Die anderen Zylinder zeigen einen oszillierenden indizierten Mitteldruck p_{mi}. Ein hoher Wert entspricht einer gezündeten Nacheinspritzung, ein niedriger einer ausbleibenden Wärmefreisetzung während der Nacheinspritzung.

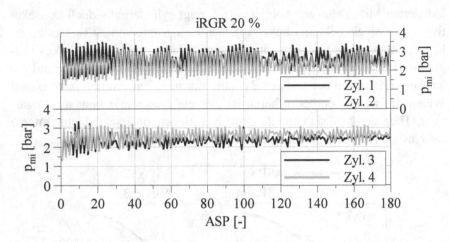

Abbildung 6.6: p_{mi} über Arbeitsspielen bei iRGR 20 %

Wird die interne Restgasrate im Vergleich zu Abbildung 6.6 weiter erhöht, ergibt sich der in Abbildung 6.7 dargestellte Sachverhalt. Zu erkennen ist, dass nur noch Zylinder 3 einen oszillierenden indizierten Mitteldruck p_{mi} aufweist. Somit zündet die Nacheinspritzung nur bei diesem Zylinder noch bei jedem zweiten Arbeitsspiel.

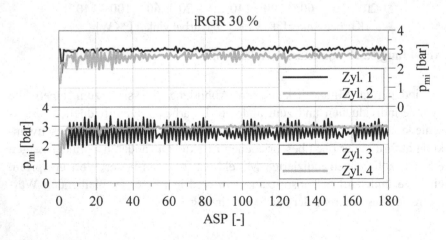

Abbildung 6.7: p_{mi} über Arbeitsspielen bei iRGR 30 %

Bei den anderen Zylindern sind die Startbedingungen zum Zeitpunkt der Nacheinspritzung für eine Verbrennung nicht ausreichend. Die Zyklenschwankungen der entsprechenden Zylinder sind trotzdem gering. Die Kraftstoffumsetzung bzw. der Sauertoffumsetzungswirkungsgrad η_{O2} ist jedoch aufgrund der nicht umgesetzten Nacheinspritzung sehr schlecht.

Der Ladungswechsel durch das Auslassventil ist in Abbildung 6.8 zu sehen. Dabei sind aufgrund der Übersichtlichkeit nur die Massenströme der Auslassseite dargestellt. Durch die starke Ansaugluftandrosselung und dem damit verbundenen geringeren Ansaugluftmassenstrom kommt es bereits bei relativ kleinen zweiten Auslassventilhüben (< 1 Millimeter) zu deutlichen internen Restgasraten. Die Abbildung zeigt den Zusammenhang zwischen steigendem zweiten Auslassventilhub und steigendem Massenstrom durch das Auslassventil. Dabei strömen positive Massenströme aus dem Zylinder und negative in den Zylinder, wobei sich der angegebene Massenstrom auf ein Auslassventil bezieht. Die kompletten Durchflusskurven der Ein- und Auslassventile der Messungen mit den verschiedenen Restgasraten sind dem Anhang A4 zu entnehmen.

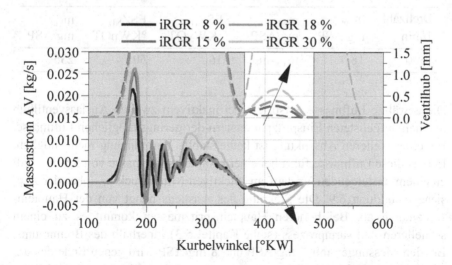

Abbildung 6.8: 1500 1/min, AV Massendurchfluss iRGR-Variation

6.2   Variation der Einspritzparameter

Dieses Unterkapitel beschreibt den Einfluss der Einspritzparameter auf das unterstöchiometrische Brennverfahren. Die unterstöchiometrischen Betriebspunkte werden über einen dynamischen Betriebsartenwechsel eingeleitet. Die Messprozedur ist in Kapitel 4.2 beschrieben.

6.2.1   Massenaufteilung Haupt-/Nacheinspritzung

Bei der Variation der Massenaufteilung wird das Verhältnis von Haupteinspritz- zu Nacheinspritzmasse variiert. Die in Summe eingespritzte Kraftstoffmasse und damit das theoretische Verbrennungsluftverhältnis λ_{theo} ist konstant. Die wichtigsten Betriebspunktparamter sind in Tabelle 6.2 aufgelistet. Der zweite Auslassventilhub ist inaktiv.

Tabelle 6.2:   Betriebspunktparameter HE/NE-Massenvariation

Drehzahl	m_{Tot}	m_{NE}	ESZ_{HE}	ESZ_{NE}	m_{Luft}
1/min	mg/ASP	mg/ASP	°KWvOT	°KWnOT	mg/ASP
1500	18,4	m_{Tot}-m_{HE}	16	50	235

Die gewählte Luftmasse entspricht bei inaktivem zweiten Auslassventilhub und den aufgelisteten Einspritzparametern der geringstmöglichen Luftmasse. Bei einer weiteren Absenkung ist keine stabile Verbrennung mehr möglich. Bereits diese Luftmasse führt bei einer Haupteinspritzmasse von 5,5 mg/ASP zu einem ansteigenden Verlauf im effektiven Mitteldruck p_{me} über der Zeit, siehe Abbildung 6.9. Die Steigung des Anstiegs hängt von der Haupteinspritzmasse ab. Bei höheren Haupteinspritzmassen kommt es zu einem schnelleren Aufwärmprozess (siehe Kapitel 5.3) innerhalb des Brennraums. Bei den Messungen mit 7 mg/ASP und 8 mg/ASP wird gegen Ende des unterstöchiometrischen Betriebs ein stationärer Zustand im effektiven Mitteldruck p_{me} erreicht. Dieser kann bei den kleineren Haupteinspritzmassen aufgrund der kurzen unterstöchiometrischen Betriebszeit nicht erreicht werden.

Der magerere Lambdaverlauf bei geringeren Haupteinspritzmassen geht aus dem Aufwärmprozess des Systems hervor. Eine allgemeine Beschreibung der Einflussfaktoren auf den Lambdaverlauf während des unterstöchiometrischen Betriebs ist im Anhang A5 zu finden. Zu Beginn der Betriebsartenumschaltung zündet bei den Messungen mit geringeren Haupteinspritzmassen die Haupteinspritzung sehr instabil. Dies führt zu schlechten Zündbedingungen für die Nacheinspritzung. Im schlimmsten Fall zündet diese gar nicht, was zu einer unvollkommenen Verbrennung des eingespritzten Kraftstoffs führt. Dadurch ergeben sich zu Beginn des Betriebsartenwechsels hohe Kohlenwasserstoffemissionen und eine hohe Restsauerstoffkonzentration. Erst mit fortschreitendem Aufwärmprozess zünden sowohl die Haupteinspritzung als auch die Nacheinspritzung stabiler.

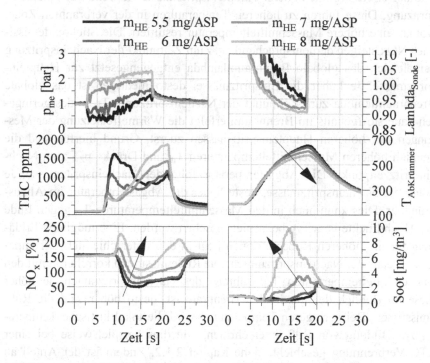

Abbildung 6.9: 1500 1/min, Messgrößen HE/NE-Massenvariation

In einem eingeschwungenen betriebswarmen Zustand würden sich die Lambdawerte der verschiedenen Messungen weiter annähern. Ein bleibender Unterschied im eingeschwungenen Zustand würde sich durch die unterschiedliche Wand-/Kolbenbenetzung aufgrund der unterschiedlichen Nacheinspritzmassen und den unterschiedlichen Druck- und Temperaturniveaus zum Nacheinspritzzeitpunkt ergeben.

In der Druckverlaufsanalyse in Abbildung 6.9 sind die Indizierdaten über die letzten 30 Arbeitsspiele, bevor zurück in den überstöchiometrischen Betrieb geschaltet wird, gemittelt. Während dieser 30 Arbeitsspiele sind die Zyklenunterschiede gering, weshalb eine Mittelung als sinnvoll erscheint. Sowohl die Brennrate dQ_B als auch der Summenbrennverlauf Q_B zeigen eine höhere Wärmefreisetzung mit höherer Haupteinspritzmasse während der Haupteinspritzung. Diese führen zu höheren Temperaturen in der verbrannten Zone, woraus eine höhere Massenmitteltemperatur resultiert. Die Stickoxidemissionen NOx steigen dementsprechend an. Zum Zeitpunkt der Nacheinspritzung verhält sich das globale Brennraumlambda entgegengesetzt zur Haupteinspritzmasse. Je höher die Einspritzmasse, desto niedriger ist das globale Brennraumlambda zum Zeitpunkt der Nacheinspritzung. Trotz des geringeren Sauerstoffgehalts im Brennraum erfolgt die Wärmefreisetzung der Messungen mit höheren Haupteinspritzmassen zuerst. Grund hierfür sind die deutlich höheren Massenmitteltemperaturen T_m und Drücke p_{Zyl} zum Nacheinspritzzeitpunkt. Die Abgastemperatur folgt der Nacheinspritzmasse. Je höher die Nacheinspritzmasse, desto höher die Abgastemperatur im Abgaskrümmer. Dies kann auch in den Massenmitteltemperaturen T_m gegen Ende des Hochdruckteils des Arbeitsspiels gesehen werden. Eine mögliche Erklärung für die höheren Rußemissionen liegt in den unterschiedlichen Temperaturniveaus der Nacheinspritzungen. Die Rußemissionen korrelieren mit den Massenmitteltemperaturen T_m während der Nacheinspritzungen, je höher diese im Bereich der maximalen Brennrate ist, desto höher sind die Rußemissionen. Bei geringeren Temperaturen wird die lokal kritische Temperatur zur Bildung von Ruß unterschritten, wie dies beispielsweise bei einer LTC-Verbrennung geschieht, siehe Kapitel 2.1.2. Zudem ist der Anteil an verbranntem Gemisch bei höheren Haupteinspritzmassen zum Zeitpunkt der Nacheinspritzung etwas höher, was ebenfalls zur Rußbildung beitragen kann. Auch wird deutlich, dass im unterstöchiometrischen Betrieb und sehr geringen effektiven Mitteldrücken p_{me} relativ kleine Abweichungen in der Einspritzmasse nicht vernachlässigbare Auswirkungen auf den effektiven Mitteldruck p_{me} und die Schadstoffemissionen besitzen. Für einen schnellen Aufwärmprozess ist ein möglichst hohes Temperaturniveau während des Hochdruckteils anzustreben. Dieses kann sich jedoch nachteilig auf NOx- und Rußemissionen auswirken.

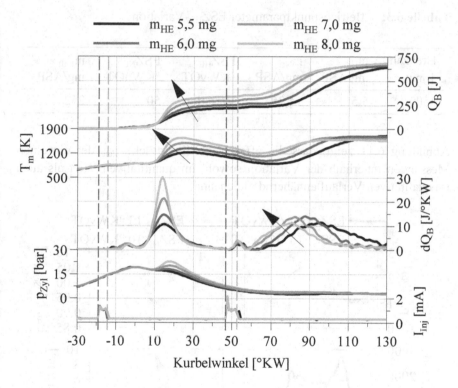

Abbildung 6.10: 1500 1/min, DVA HE/NE-Massenvariation, Zyl. 1, 7,4 % iRGR

Das hier dargestellte Verhalten während einer Kraftstoffmassenvariation ergibt sich auch bei höheren internen Restgasraten. Auf eine gesonderte Darstellung wird verzichtet.

6.2.2   Einspritzzeitpunkt Haupteinspritzung

Die wichtigsten Betriebspunktparameter der Variation des Einspritzzeitpunktes der Haupteinspritzung sind in Tabelle 6.3 gelistet. Während der Messungen ist kein zweiter Auslassventilhub aktiv. Die Messprozedur ist in Kapitel 4.2 beschrieben.

Tabelle 6.3:   Betriebspunktparameter ESZ_{HE}-Variation

Drehzahl 1/min	m_{HE} mg/ASP	m_{NE} mg/ASP	ESZ_{HE} °KWvOT	ESZ_{NE} °KWnOT	m_{Luft} mg/ASP
1500	5,5	14,25	Variation	50	252

Abbildung 6.11 zeigt, dass die effektiven Mitteldrücke p_{me} der einzelnen Messungen innerhalb der Variation sowohl im quantitativen Wert als auch im qualitativen Verlauf annähernd gleich sind.

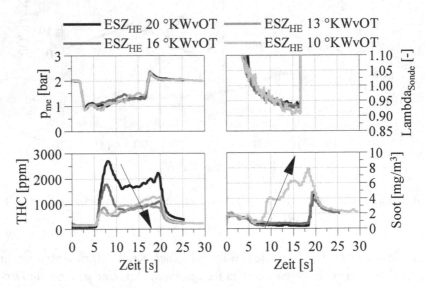

Abbildung 6.11: 1500 1/min, Messgrößen ESZ_{HE}-Variation

Das Aufwärmverhalten im Anschluss an den Betriebsartenwechsel kann auch hier beobachtet werden. Die Kohlenwasserstoffemissionen THC nehmen mit späterem Haupteinspritzzeitpunkt bei gleichem Verbrennungsluftverhältnis Lambda$_{Sonde}$ ab. Dies korreliert mit dem Brennverlauf dQ_B während der Nacheinspritzung, je höher die Wärmefreisetzung und kürzer die Brenndauer, desto niedriger die Kohlenwasserstoffemissionen, siehe Abbildung 6.12. Der Peak der Kohlenwasserstoffemissionen zu Beginn des unterstöchiometrischen Motorbetriebs hängt von der Kraftstoffumsetzung der Nacheinspritzung während der Aufwärmphase ab. Je schlechter diese zu Beginn umsetzt, desto höher ist der Peak in den Kohlenwasserstoffemissionen, wie bereits auch in 6.2.1 gezeigt wurde. Die Messung mit dem Haupteinspritzzeitpunkt 10 °KWvOT zeigt, im Vergleich zur Messung mit 13 °KWnOT, gegen Ende des unterstöchiometrischen Betriebs wieder eine leicht ansteigende Kohlenwasserstoffemission. Der Grund hierfür liegt in der geringen Verbrennungsstabilität σ_{pmi}, der Messung mit 10 °KWvOT, die gegen Ende des unterstöchiometrischen Betriebs immer noch vorliegt. Die Verbrennungsstabilität σ_{pmi} kann im Lambdaverlauf und im effektiven Mitteldruck an den Schwankungen erkannt werden. Die Rußemissionen nehmen mit späterem Haupteinspritzzeitpunkt zu. Dabei ist bei der Messung mit 10 °KWvOT eine deutliche Zunahme zu erkennen. Zurückzuführen ist diese Zunahme auf das deutlich höhere Temperaturniveau während der Nacheinspritzung, was in der Massenmitteltemperatur T_m in Abbildung 6.12 zu erkennen ist. Die Rußbildungstemperatur kann nicht mehr unterdrückt werden, siehe Kapitel 2.1.2.

Trotz des gleichen effektiven Mitteldrucks p_{me} unterscheiden sich die Brennraten der einzelnen Messungen deutlich voneinander, siehe Abbildung 6.12. Die dargestellten Messungen sind über die letzten 30 Arbeitsspiele des unterstöchiometrischen Betriebs gemittelt. Die Messungen mit früheren Haupteinspritzzeitpunkten besitzen eine höhere Wärmefreisetzung im Brennverlauf dQ_B und eine kürzere Brenndauer während der Haupteinspritzung. Darüber hinaus besitzen sie eine vollständigere Umsetzung des Kraftstoffs während der Haupteinspritzung, was im Summenbrennverlauf Q_B zu beobachten ist. Die Zündung der Nacheinspritzung verhält sich entgegengesetzt. Die Messung mit dem spätesten Haupteinspritzzeitpunkt zeigt die höchste Wärmefreisetzung im Brennverlauf dQ_B und die kürzeste Brenndauer während der

Nacheinspritzung. Bei den Messungen mit früheren Nacheinspritzzeitpunkten ist die Wärmefreisetzung noch nicht abgeschlossen, bevor das Auslassventil öffnet. Dies trägt ebenfalls zu erhöhten Kohlenwasserstoffemissionen bei.

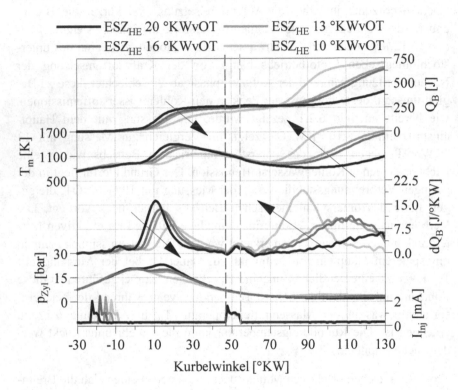

Abbildung 6.12: 1500 1/min, DVA ESZ$_{HE}$-Variation, Zyl. 1

Der Brennverlauf dQ$_B$ der Nacheinspritzung korreliert in umgekehrter Weise mit der Kraftstoffumsetzung der Haupteinspritzung, je unvollständiger die Haupteinspritzung umsetzt, desto besser setzt die Nacheinspritzung um. Dies äußert sich in einer kürzeren Brenndauer und höheren Wärmefreisetzung im Brennverlauf dQ$_B$. Der gleiche effektive Mitteldruck p$_{me}$ aller Messungen, trotz unterschiedlicher Brennraten in der Haupteinspritzung, liegt in der Verschiebung des Verhältnisses der momentenbildenden Anteile beider Einspritzungen. So wirkt bei einem späteren Einspritzzeitpunkt die Haupteinspritzung weniger momentenbildend als bei einem früheren Einspritzzeitpunkt, gleichzeitig trägt die Nacheinspritzung mehr zur Momentenbildung bei. Ob eine Kompensation im effektiven Mitteldruck stattfindet, hängt von dem Nacheinspritzzeitpunkt und der Restgasrate ab.

Die in der Druckverlaufsanalyse dargestellten Zusammenhänge bleiben auch mit höheren internen Restgasraten und angepasster Einspritzstrategie unverändert. Auf eine gesonderte Darstellung wird verzichtet.

6.2.3 Einspritzzeitpunkt Nacheinspritzung

In Tabelle 6.4 sind die Betriebspunktparameter der Variation des Nacheinspritzzeitpunktes aufgelistet. Der zweite Auslassventilhub ist während der Messungen inaktiv. Die Messprozedur ist in Kapitel 4.2 beschrieben.

Tabelle 6.4:   Betriebspunktparameter ESZ_{NE}-Variation

Drehzahl 1/min	m_{HE} mg/ASP	m_{NE} mg/ASP	ESZ_{HE} °KWvOT	ESZ_{NE} °KWnOT	m_{Luft} mg/ASP
1500	5,5	14,5	12	Variation	252

In Abbildung 6.13 ist die Wirkung der Nacheinspritzung auf den effektiven Mitteldruck p_{me} zu erkennen. Im Vergleich der Messung ESZ_{NE} 30 °KWnOT mit der Messung ESZ_{NE} 60 °KWnOT liegt am Ende des unterstöchiometrischen Betriebs der effektive Mitteldruck p_{me} um 1,4 bar höher. Außerdem ist ab der Messung ESZ_{NE} 50 °KWnOT ein Aufwärmverhalten im effektiven Mitteldruck zu beobachten. Die Rußemissionen nehmen mit späterem Nacheinspritzzeitpunkt ab. Der Lambdawert wird trotz gleicher Luft- und Kraftstoffmasse zunehmend magerer. Der zunehmende Lambdawert in den Messungen von ESZ_{NE} 30 °KWnOT bis 50 °KWnOT kann nicht durch eine unvollständige Umsetzung des Kraftstoffs erklärt werden.

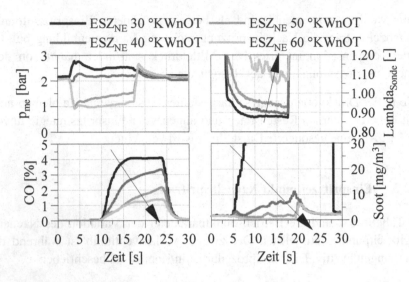

Abbildung 6.13: 1500 1/min, Messgrößen ESZ$_{NE}$-Variation

Abbildung 6.14 zeigt die entsprechende Druckverlaufsanalyse. Der Summen-brennverlauf der Messung ESZ$_{NE}$ 30 °KWnOT und der Messung mit ESZ$_{NE}$ 40 °KWnOT besitzen die gleiche freigesetzte Wärme am Ende des Hoch-druckteils des Arbeitsspiels. Zudem ist im Brennverlauf dQ$_B$ zu erkennen, dass bei beiden Messungen die Verbrennung abgeschlossen ist, bevor die Auslassventile öffnen. Der Unterschied im Lambdawert und Lambdaverlauf kann mit hoher Wahrscheinlichkeit durch die unterschiedliche Wand-/Kol-benbenetzung der Nacheinspritzung erklärt werden. Die Kohlenstoffbilanz korreliert mit dem Lambdawert und nimmt mit späterem Nacheinspritzzeit-punkt ab. Die Kohlenmonoxidemissionen verhalten sich entsprechend dazu, sie werden mit magererem Lambdawert geringer. Sowohl im Brennverlauf dQ$_B$ als auch im Summenbrennverlauf Q$_B$ ist eine höhere Wärmefreisetzung während der Haupteinspritzung zu beobachten. Daraus kann abgeleitet wer-den, dass trotz des deaktivierten zweiten Auslassventilhubs bereits bei einer internen Restgasrate von 6,5 % das Kraftstoffumsetzungsverhalten der Nach-einspritzung einen Einfluss auf den Verlauf der Haupteinspritzung nimmt.

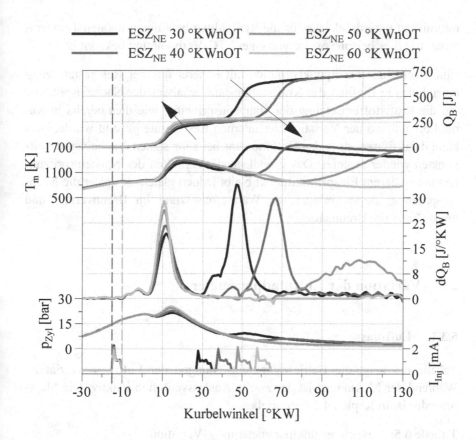

Abbildung 6.14: 1500 1/min, DVA ESZ$_{NE}$-Variation, Zyl. 1

Die Brenndauer der Nacheinspritzung ist bei früheren Nacheinspritzzeitpunkten kürzer. Bei einem Nacheinspritzzeitpunkt von 60 °KWnOT erfolgt keine Wärmefreisetzung der Nacheinspritzung im Brennverlauf. Die Zündbedingungen aus Druck, Temperatur und unverbranntem Kraftstoff aus der Haupteinspritzung werden mit späteren Nacheinspritzzeitpunkten zunehmend schlechter. Die geringeren Rußemissionen bei späteren Einspritzzeitpunkten der Nacheinspritzung werden in zwei möglichen Ursachen vermutet. Zum einen wird bei späten Nacheinspritzungen nicht mehr in eine noch aktive Wärmefreisetzung eingespritzt, zum anderen ist durch die verzögerte Wärmefreisetzung das Temperaturniveau geringer. Dieses geringere Temperaturniveau unterdrückt die für die Rußbildung benötigten lokalen Temperaturen, wie dies beispielsweise von einer LTC-Verbrennung bekannt ist.

Eine Nacheinspritzzeitpunktvariation mit höherer interner Restgasrate zeigt einen höheren Einfluss des Kraftstoffumsatzverhaltens der Nacheinspritzung auf die Kraftstoffumsetzung der Haupteinspritzung, wie dies bereits in Kapitel 6.1 anhand der Variation der internen Restgasrate gezeigt wurde. Dies kann dazu führen, dass das Drehmoment bei sehr späten Nacheinspritzzeitpunkten wieder ansteigt. Das grundlegende Verhalten der Nacheinspritzungen mit späterem Einspritzzeitpunkt bleibt jedoch gleich. Je später die Nacheinspritzung, desto geringer die Wärmefreisetzung im Brennverlauf und umso länger die Brenndauer.

6.3   Variation der Luftpfadparameter

6.3.1   Luftmasse

Tabelle 6.5 zeigt die Betriebspunkteinstellungen der Luftmassenvariation. Während der Messungen ist der zweite Auslassventilhub inaktiv. Die Messprozedur ist in Kapitel 4.2 beschrieben.

Tabelle 6.5:   Betriebspunktparameter m_{Luft}-Variation

Drehzahl 1/min	m_{HE} mg/ASP	m_{NE} mg/ASP	ESZ_{HE} °KWvOT	ESZ_{NE} °KWnOT	m_{Luft} mg/ASP
1500	6,5	Lambda	16	50	Variation

Abbildung 6.15 zeigt den effektiven Mitteldruck p_{me} und die Luftmasse m_{Luft}. Die Kraftstoffmasse der Nacheinspritzung wird so angepasst, dass das theoretische Verbrennungsluftverhältnis λ_{theo} aus Luft- und Kraftstoffmasse gleichbleibt. Dieses Vorgehen führt automatisch zu einem Eingriff in zwei Stellgrößen, weswegen an dieser Stelle der Fokus auf die Betrachtung der Druckverlaufsanalyse gelegt wird. In Abbildung 6.15 ist zu erkennen, dass

alle drei Messungen eine Aufwärmphase, in der der effektive Mitteldruck p_{me} steigt, besitzen. Diese Phase ist besonders kritisch bei der Messung mit der geringsten Luftmasse. Eine weitere Absenkung in der Luftmasse unter Verwendung der aufgelisteten Einspritzstrategie ist nicht möglich, da dies zu Zündaussetzern und einer sehr geringen Verbrennungsstabilität führen würde. Bereits bei einer Luftmasse von 235 mg/ASP ist zu Beginn des unterstöchiometrischen Betriebs im effektiven Mitteldruck p_{me} eine Schwankung deutlich zu erkennen. Diese entsteht durch die instabile Zündung der Haupteinspritzung, wie dies auch schon in den vorherigen Kapiteln gesehen werden konnte. Erst nach einer gewissen Aufwärmphase kommt es zu einer Stabilisierung der Verbrennung.

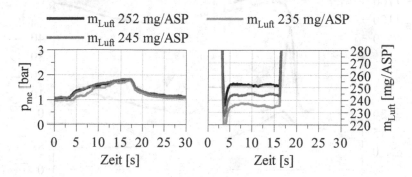

Abbildung 6.15: 1500 1/min, Messgrößen m_{Luft}-Variation

Dies zeigt erneut, die hohe Relevanz des Aufwärmverhaltens des Systems bei geringen Luftmassen. Die Druckverlaufsanalyse in Abbildung 6.16 veranschaulicht die letzten 30 Arbeitsspiele im unterstöchiometrischen Betrieb. Die Messung mit der geringsten Luftmasse zeigt die geringste Wärmefreisetzung im Brennverlauf dQ_B und die längste Brenndauer während der Haupteinspritzung. Auch die freigesetzte Wärme im Summenbrennverlauf Q_B während der Haupteinspritzung ist niedriger. Dadurch steht für die Nacheinspritzung mehr unverbrannter Kraftstoff zur Verfügung, was sich positiv auf die Zündbedingungen für die Nacheinspritzung auswirkt. Die Brenndauer und das Brennverlaufsmaximum dQ_{Bmax} der Nacheinspritzung verhalten sich gegenläufig zur Haupteinspritzung. Die Messung mit der geringsten Luftmasse zeigt die größte Wärmefreisetzung im Brennverlauf dQ_B und die kürzeste Brenndauer. Diese Messungen zeigen, dass bei einem unterstöchiometrischen Betrieb mit zwei Einspritzungen, das Brennverfahren sehr sensitiv auf die Luftmassenänderung reagieren kann. Dabei ist in diesem Beispiel zu erkennen, dass mit abnehmender Luftmasse besonders die Aufwärmphase einen kritischen Zustand darstellt.

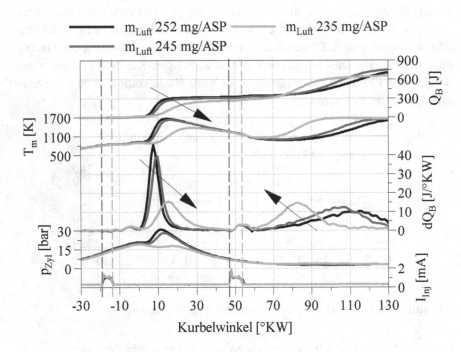

Abbildung 6.16: 1500 1/min, DVA, m_{Luft}-Variation, Zyl. 1

Nach der Aufwärmphase besitzen alle Messungen einen vergleichbaren effektiven Mitteldruck p_{me}. Die Zusammensetzung der drehmomentenbildenden Anteile aus Haupt- und Nacheinspritzung sind jedoch unterschiedlich. Bei der Messung mit der geringsten Luftmasse wirkt die Nacheinspritzung mehr momentenbildend als bei den Messungen mit höheren Luftmassen. In Summe ergibt sich in etwa der gleiche effektive Mitteldruck p_{me}.

6.3.2 Ansauglufttemperatur Einlasskanal

Die Betriebspunktparameter sind in Tabelle 6.6 aufgelistet. Der überstöchiometrische initiale Betriebspunkt unterscheidet sich ebenfalls in der Ansauglufttemperatur im Einlasskanal. Der zweite AVH ist inaktiv.

Tabelle 6.6: Betriebspunktparameter $T_{Einlasskanal}$-Variation

Drehzahl 1/min	m_{HE} mg/ASP	m_{NE} mg/ASP	ESZ_{HE} °KWvOT	ESZ_{NE} °KWnOT	m_{Luft} mg/ASP
1500	5,5	14,75	16	50	257

Abbildung 6.17 zeigt, dass mit zunehmender Temperatur der Ansaugluft im Einlasskanal der effektive Mitteldruck p_{me} leicht ansteigt.

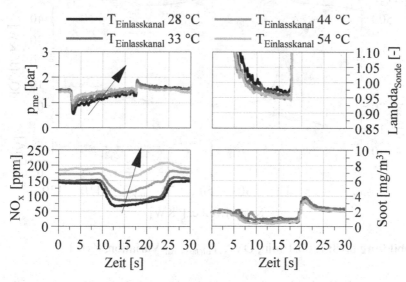

Abbildung 6.17: 1500 1/min, Messgrößen $T_{Einlasskanal}$-Variation

Dies ist auf die unterschiedlichen Wärmefreisetzungen im Brennverlauf dQ_B während der Haupteinspritzung zurückzuführen, siehe Abbildung 6.18. Mit

höherer Ansauglufttemperatur im Einlasskanal kommt es zu kürzeren Brenndauern und höheren Wärmefreisetzungen während der Haupteinspritzung.
Dies führt gleichzeitig zu einem schnelleren Aufwärmprozess, da die Haupteinspritzung von Beginn an stabiler zündet. Des Weiteren nimmt die freigesetzte Wärme im Summenbrennverlauf Q_B während der Haupteinspritzung
mit höheren Temperaturen geringfügig zu, was auf eine vollständigere Kraftstoffumsetzung schließen lässt.

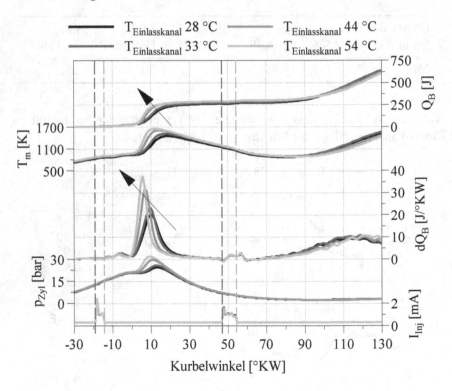

Abbildung 6.18: 1500 1/min, DVA $T_{Einlasskanal}$-Variation, Zyl. 1

Die Stickoxidemissionen NOx entsprechen dem Verhalten des Brennverlaufs
während der Haupteinspritzung. Mit kürzerer Brenndauer und höherer Verbrennungstemperatur während der Haupteinspritzung nehmen sie bei höheren Temperaturen im Einlasskanal zu. Die Temperaturen zum Einspritzzeitpunkt der Haupteinspritzung sind 844 K ($T_{Einlasskanal}$ 28 °C), 861 K ($T_{Einlass-}$

kanal 33 °C), 870 K ($T_{Einlasskanal}$ 44 °C) und 881 K ($T_{Einlasskanal}$ 54 °C). Die Nacheinspritzungen unterscheiden sich trotz der unterschiedlichen Verbrennungsabläufe der Haupteinspritzungen nur geringfügig. Tendenziell wird der Brennverlauf dQ_B mit höherer Temperatur im Einlasskanal zu einem späteren Kurbelwinkelbereich hin verschoben, was mit der Umsetzung des Kraftstoffs während der Haupteinspritzung korreliert. Je mehr unverbrannter Kraftstoff aus der Haupteinspritzung vorliegt, desto besser sind die Zündbedingungen für die Nacheinspritzung, was in den vorherigen Kapiteln bereits beschrieben wurde. Durch den geringen Unterschied in der Kraftstoffumsetzung ist auch die Auswirkung auf den Brennverlauf relativ klein.

Mit höheren internen Restgasraten ergibt sich der gleiche Sachverhalt. Die Einlasskanaltemperatur-Variation zeigt, dass das Androsselungspotenzial mit höherer Ansauglufttemperatur zunimmt. Die Haupteinspritzung zündet stabiler und brennt kürzer. Zudem wird die Verbrennungsstabilität verbessert. Einen quantitativen Wert für die Höhe des Androsselungspotenzials im unterstöchiometrischen Betrieb zu benennen erscheint nicht sinnvoll, da bei einer Ansaugluftandrosselung immer beide Einspritzungen angepasst werden müssen, wie in Kapitel 6.3.1 beschrieben. Dies würde zu einer Optimierung aus Einspritzstrategie und Ansauglufttemperaturvariation führen. Eine Differenzierung zwischen dem Potenzial der Einspritzstrategie und der Temperatur im Einlasskanal wäre nicht möglich.

6.4 Variation der Drehzahl

Die Betriebspunktparameter der Drehzahl-Variation sind in Tabelle 6.7 gelistet. Während der Messungen beträgt der zweite Auslassventilhub 0,5 mm. Die ECU-Einstellungen bezüglich Kraftstoff- und Luftpfadparameter während des unterstöchiometrischen Betriebs sind bei allen Messungen identisch. Diese umfassen auch den Raildruck und die Drall-Klappenposition. Die Messprozedur ist in Kapitel 4.2 beschrieben.

Tabelle 6.7:   Betriebspunktparameter Drehzahl-Variation

Drehzahl 1/min	m_{HE} mg/ASP	m_{NE} mg/ASP	ESZ_{HE} °KWvOT	ESZ_{NE} °KWnOT	m_{Luft} mg/ASP
Variation	5,0	12,75	12	35	225

Abbildung 6.19 zeigt die Messgrößen der Drehzahl-Variation. Der konstante zweite Auslassventilhub führt zu einer Zunahme der internen Restgasrate bei geringeren Drehzahlen, da bei gleicher Luftmasse stärker angedrosselt werden muss. Sie steigt von 18 % iRGR bei 1500 1/min auf 24 % iRGR bei 1000 1/min. Damit muss bei der Interpretation der Messergebnisse auf zwei Effekte geachtet werden, zum einen auf den Einfluss der Drehzahl und zum anderen auf den Einfluss der internen Restgasrate. Der effektive Mitteldruck p_{me} steigt mit sinkender Drehzahl. Grund hierfür sind die kürzere Brenndauer und die höhere Wärmefreisetzung während der Haupteinspritzung, siehe Abbildung 6.20. Diese entstehen durch die Kombination mehrerer Effekte. Zum einen durch das geänderte Verhältnis von Zeit pro °KW und zum anderen über die etwas höhere interne Restgasrate. Bei gleichem Kurbelwinkelbereich steht bei niedrigeren Drehzahlen eine längere Gemischbildungszeit zur Verfügung. Des Weiteren wird der Kurbelwinkelbereich eines kleineren Brennraumvolumens zeitlich größer. Zusammen mit der etwas höheren internen Restgasrate ergeben sich verbesserte Zündbedingungen für die Haupteinspritzung. Die Wirkung der Restgasrate ist bereits in Kapitel 6.1 beschrieben. Es ist anzunehmen, dass der Zeit-Faktor einen größeren Einfluss als die interne Restgasrate besitzt, denn Messungen mit inaktivem zweitem Auslassventilhub zeigen das gleiche Verhalten in den Brennverläufen dQ_B, siehe Anhang A6. Der Einfluss durch die Änderung des Dralls mit der Drehzahl kann in diesem kleinen Drehzahlband als untergeordnet angesehen werden. In mehreren wissenschaftlichen Arbeiten wird beschrieben, dass mit aktivem zweiten Auslassventilhub das Erzeugen einer Drallströmung gehemmt wird [38] [96]. Zudem zeigten zusätzliche Untersuchungen im Rahmen dieser Arbeit, dass die Drallklappenstellung im unterstöchiometrischen Betrieb, mit den entsprechenden Betriebspunktparametern, einen geringen Einfluss auf das Brennverfahren hat. Die Messung mit der Drehzahl 1500 1/min zeigt die

geringste Wärmefreisetzung während der Haupteinspritzung im Summenbrennverlauf Q_B. Dies lässt auf unverbrannten Kraftstoff zum Zeitpunkt der
Nacheinspritzung schließen, was sich positiv auf die Zündbedingungen der
Nacheinspritzung auswirkt. Die Wärmefreisetzungen während der Nacheinspritzungen verhalten sich umgekehrt zu den Wärmefreisetzungen der
Haupteinspritzungen und korrelieren mit den unverbrannten Kraftstoffmassen aus den Haupteinspritzungen. Die Messung mit der höchsten Drehzahl
zeigt die kürzeste Brenndauer bezogen auf den Kurbelwinkel und die höchste
Wärmefreisetzung im Brennverlauf während der Nacheinspritzung.

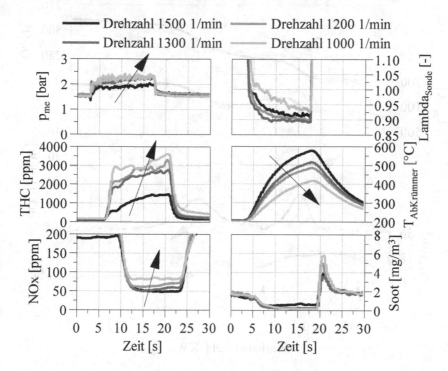

Abbildung 6.19: 1500 1/min Messgrößen Drehzahl-Variation, zweiter AVH
0,5 mm

Die freigesetzte Wärme am Ende des Summenbrennverlaufs Q_B korreliert
mit der im Abgas enthaltenen Energie, berechnet aus HC und CO. Die Messung mit der höchsten Drehzahl zeigt die geringste im Abgas enthaltene

Energie. Die Massenmitteltemperaturen T_m während der Haupteinspritzung korrelieren mit den NOx-Emissionen. Je höher diese sind, desto höher ist die NOx-Emission. Die Massenmitteltemperaturen T_m am Ende des Hochdruckteils sind bei niedrigen Drehzahlen geringer, was auch in der Abgastemperatur $T_{AbKrümmer}$ in Abbildung 6.19 zu sehen ist. Die Wandwärmeverluste steigen mit sinkender Drehzahl.

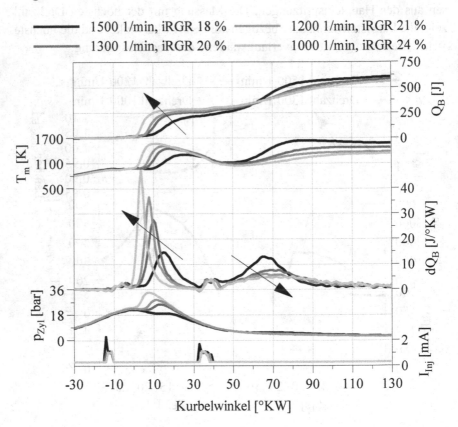

——— 1500 1/min, iRGR 18 %   ——— 1200 1/min, iRGR 21 %
——— 1300 1/min, iRGR 20 %   ——— 1000 1/min, iRGR 24 %

Abbildung 6.20: 1500 1/min, DVA Drehzahl-Variation, 0,5 mm zweiter Auslassventilhub

Die steigenden Kohlenwasserstoffemissionen THC bei geringeren Drehzahlen sind mit hoher Wahrscheinlichkeit auf die unvollständiger werdende Kraftstoffumsetzung während der Nacheinspritzung zurückzuführen. Grund hierfür sind die erschwerten Zündbedingungen durch die höhere interne Restgasrate und die geringere unverbrannte Kraftstoffmasse aus der Haupteinspritzung. Bei 1000 1/min zeigt nicht mehr jedes Arbeitsspiel eine Wärmefreisetzung während der Nacheinspritzung, dieser Effekt bei hohen internen Restgasraten ist bereits in Kapitel 6.1 beschrieben. Die ausbleibende Wärmefreisetzung sorgt für hohe Zyklenschwankungen, welche im effektiven Mitteldruck p_{me} und im Lambdawert zu erkennen sind. Um dies zu verhindern, müsste der Nacheinspritzzeitpunkt zu einem früheren Kurbelwinkel erfolgen. Die Rußemissionen sind in allen Messungen auf einem niedrigen Niveau.

Mit deaktiviertem zweitem Auslassventilhub verhält sich das System gleich. Die interne Restgasrate steigt aufgrund der Androsselung des Luftmassenstroms ebenfalls etwas an, jedoch auf einem geringeren Niveau als mit aktiviertem zweiten Auslassventilhub. Sie steigt von 6 % iRGR bei 1500 1/min auf 10 % iRGR bei 1000 1/min, siehe Anhang A6.

6.5 Variation der Kühlwassertemperatur

Tabelle 6.8 zeigt die Betriebspunktparameter der Kühlwassertemperatur-Variation. Der zweite AVH ist während der Messungen inaktiv. Die interne Restgasrate beträgt ca. 7 %. Die ECU-Einstellungen des Ausgangspunktes bei 80 °C Kühlwassertemperatur sind so gewählt, dass dieser Betriebspunkt eine möglichst hohe Verbrennungsstabilität und kurze Aufwärmphase besitzt.

Tabelle 6.8:   Betriebspunktparameter T_{KW}-Var., inaktiver zweiter AVH

Drehzahl 1/min	m_{HE} mg/ASP	m_{NE} mg/ASP	ESZ_{HE} °KWvOT	ESZ_{NE} °KWnOT	m_{Luft} mg/ASP
1500	7,0	13,8	18	45	262

Abbildung 6.22 zeigt die Messgrößen der Kühlwassertemperatur-Variation. Mit sinkender Kühlwassertemperatur ist im effektiven Mitteldruck p_{me} ein deutliches Aufwärmverhalten zu erkennen. Bei der Kühlwassertemperatur von 55 °C steigt der effektive Mitteldruck p_{me} bis zum Ende des unterstöchiometrischen Betriebs an. Außerdem besitzt er den niedrigsten Wert im Vergleich mit den anderen Messungen. Das Aufwärmverhalten kann ebenfalls im Lambdawert beobachtet werden, zudem wird dieser mit fallender Kühlwassertemperatur magerer. Dementsprechend sinken die CO-Emissionen bei einem gleichzeitigen Anstieg der CO_2-Emissionen.

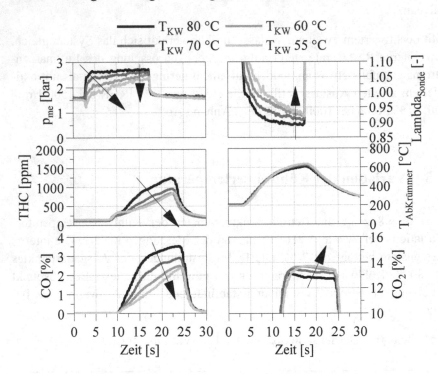

Abbildung 6.21: 1500 1/min, Messgrößen T_{KW}-Variation

Das Ergebnis der Druckverlaufsanalyse ist in Abbildung 6.22 dargestellt. Mit sinkender Kühlwassertemperatur wird die Brenndauer während der Haupteinspritzung länger und im Brennverlauf dQ_B zeigt sich ein niedrigeres Maximum, was den geringeren effektiven Mitteldruck p_{me} erklärt. Die freigesetzten Wärmen im Summenbrennverlauf Q_B, sowohl während der Hauptein-spritzung als auch während der Nacheinspritzung, nehmen ab. Wobei die Differenz im Summenbrennverlauf Q_B -zwischen höchster und niedrigster Kühlwassertemperatur- nach der Haupteinspritzung etwas größer ist als am Ende des Hochdruckteils des Arbeitsspiels. Die vom Wandwärmemodell be-rechnete Wandwärme nimmt mit sinkender Kühlwassertemperatur ab, da bei geringerer Kühlwassertemperatur die Verbrennung während der Hauptein-spritzung verzögert wird. Dadurch ergibt sich ein geringeres Temperaturni-veau während der Haupteinspritzung. Unter Verwendung anderer Wand-wärmeansätze zeigt sich derselbe Zusammenhang. Einen ähnlich geringen Einfluss der Kühlwassertemperatur auf die Wandwärmeverluste beschreibt auch [97] in seiner Arbeit.

In Kapitel 5.4 wurde eine Kühlwassertemperaturvariation im überstöchio-metrischen Betrieb gezeigt. Dabei nahmen die CO- Emissionen mit niedrige-rer Kühlwassertemperatur zu und die CO_2-Emissionen ab. Dieses Verhalten ist gegenläufig zu dem in dieser Variation gezeigtem Verhalten. Zu Beginn der Nacheinspritzung sind der Druck p_{Zyl} und die Massenmitteltemperatur T_m im Zylinder bei niedrigeren Kühlwassertemperaturen geringer. Unter Ver-nachlässigung des unverbrannten Kraftstoffs würde dies schlechtere Zündbe-dingungen bedeuten. In den Brennverläufen dQ_B ist zum Zeitpunkt der Nach-einspritzung bei den Messungen mit niedrigeren Kühlwassertemperaturen jedoch eine leichte Verschiebung zu einem früheren Kurbelwinkel zu erken-nen. Dies ist ein Indiz dafür, dass während der Verbrennung der Hauptein-spritzung mehr CO- und HC-Emissionen bei niedrigeren Kühlwassertempe-raturen gebildet werden. Dieses Verhalten entspricht dem Verhalten der in Kapitel 5.4 gezeigten Kühlwassertemperaturvariation ohne Nacheinsprit-zung. Diese unvollständigen Verbrennungsprodukte können die schlechteren Zündbedingungen aus Druck und Temperatur für die Nacheinspritzung über-kompensieren, wie dies bereits in den vorherigen Unterkapiteln beschrieben wurde. Das Resultat ist ein annähernd gleicher Brennverlauf dQ_B während der Nacheinspritzung. Ein weiterer Hinweis darauf ist die schwindende Dif-ferenz zwischen den Summenbrennverläufen Q_B der einzelnen Messungen, bei Vergleich der Differenz $(Q_B\_T_{KW\_80°C} - Q_B\_T_{KW\_55°C})$ am Ende der Haupteinspritzung mit der Differenz $(Q_B\_T_{KW\_80°C} - Q_B\_T_{KW\_55°C})$ am Ende des Hochdruckteils des Arbeitsspiels. Eine Bekräftigung für diese Theorie ergibt sich außerdem im Folgenden bei der Kühlwassertemperatur-Variation mit höherer interner Restgasrate. Diese führt zu einer Verstärkung des beschriebenen Effektes der unvollständigen Kraftstoffumsetzung während der Haupteinspritzung.

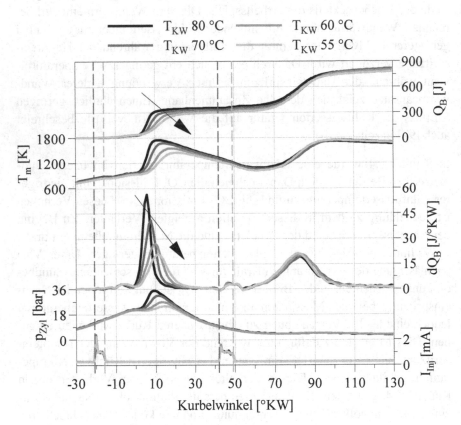

Abbildung 6.22: 1500 1/min, DVA T_{KW}-Variation, Zyl. 1

Die abnehmenden CO-Emissionen bei gleichzeitig zunehmenden CO_2-Emissionen mit geringeren Kühlwassertemperaturen lassen sich mit hoher Wahrscheinlichkeit auf das höhere Verbrennungsluftverhältnis bei niedrigeren Kühlwassertemperaturen zurückführen. Die Kohlenstoffbilanz nimmt von höchster zu niedrigster Kühlwassertemperatur um etwa drei Prozent ab, was mit dem Lambdawert korreliert. Die Abnahme in der Kohlenstoffbilanz kann mit hoher Wahrscheinlichkeit auf die höhere Wand-/Kolbenbenetzung aufgrund der geringeren Bauteiltemperaturen zurückgeführt werden. Durch die fehlende Kraftstoffmasse kommt es zu einem höheren Verbrennungsluftverhältnis Lambda$_{Sonde}$ und dementsprechend weniger CO-Emissionen. Mit niedrigeren Kühlwassertemperaturen wird die Verbrennungsstabilität zunehmend schlechter. Bei einer weiteren Absenkung der Kühlwassertemperatur kommt es zu Zündaussetzern und das Brennverfahren bricht zusammen. Bereits bei 50 °C wird die Verbrennungsstabilität so schlecht, dass der Aufwärmprozess nicht mehr stattfinden kann.

In Tabelle 6.9 sind die Daten der Kühlwassertemperaturvariation mit einem zweiten Auslassventilhub von 0,5 mm gelistet. Die ECU-Einstellungen bei der höchsten Kühlwassertemperatur sind ebenfalls so gewählt, dass eine hohe Verbrennungsstabilität und eine kurze Aufwärmphase im unterstöchiometrischen Betrieb vorliegen.

Tabelle 6.9:   Betriebspunktparameter T_{KW}-Var., 0,5 mm zweiter AVH

Drehzahl 1/min	m_{HE} mg/ASP	m_{NE} mg/ASP	ESZ_{HE} °KWvOT	ESZ_{NE} °KWnOT	m_{Luft} mg/ASP
1500	7,0	10,5	15	40	225

Abbildung 6.23 zeigt die Messgrößen der Kühlwassertemperaturvariation mit einem zweiten Auslassventilhub von 0,5 mm. Die interne Restgasrate beträgt bei den Messungen mit zweitem Auslassventilhub ca. 19 %. Im Unterschied zu den Messungen ohne zweiten Auslassventilhub ist keine deutliche Steigung im effektiven Mitteldruck p_{me} zu erkennen, auch nicht bei einer weiteren Absenkung der Kühlwassertemperatur auf 40 °C. Die anderen dargestellten Messgrößen verhalten sich ähnlich zu den Messungen ohne zweiten Auslassventilhub. Für die CO und CO_2-Emissionen gilt auch, wie bei den Messungen ohne zweiten Auslassventilhub, mit geringerer Kühlwassertemperatur nehmen die CO-Emissionen ab und die CO_2-Emissionen zu. In der Kohlenstoffbilanz, berechnet gegen Ende des unterstöchiometrischen Betriebs, kommt es ebenfalls zu einer Abnahme um 3 %, was mit dem gemessenen Lambdawert korreliert.

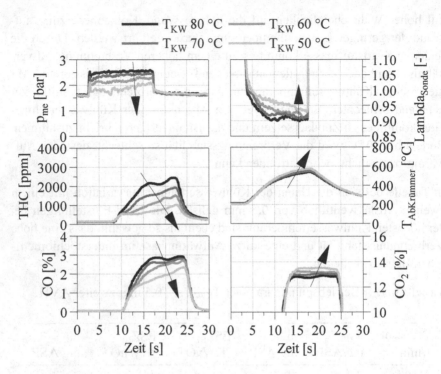

Abbildung 6.23: 1500 1/min, Messgrößen T_{KW}-Var., 0,5 mm zweiter AVH

Die Wärmefreisetzung im Brennverlauf dQ_B während der Haupteinspritzung verhält sich ähnlich zu den Messungen ohne zweiten Auslassventilhub, wie in Abbildung 6.24 dargestellt. Je geringer die Kühlwassertemperatur, desto länger ist die Brenndauer und umso niedriger ist die Wärmefreisetzung während der Haupteinspritzung. Die im Summenbrennverlauf Q_B während der Haupteinspritzung freigesetzte Wärme nimmt mit geringerer Kühlwassertemperatur ab. Die unterschiedlichen Wärmefreisetzungen im Summenbrennverlauf Q_B während der Haupteinspritzung deuten bei geringeren Kühlwassertemperaturen auf eine unvollständigere Kraftstoffumsetzung hin. Durch diesen unverbrannten Kraftstoff werden die Zündbedingungen zum Zeitpunkt der Nacheinspritzung verbessert, wie bereits bei der Kühlwassertemperatur-Variation ohne zweiten Auslassventilhub beschrieben.

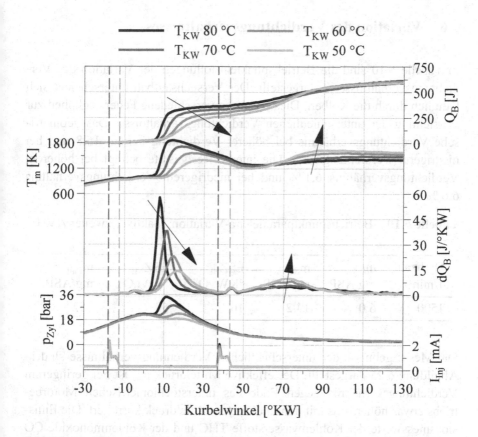

Abbildung 6.24: 1500 1/min, DVA T_{KW}-Var., Zyl. 1, 0,5 mm zweiter AVH

Daraus resultiert eine höhere Wärmefreisetzung und kürzere Brenndauer im Brennverlauf dQ_B während der Nacheinspritzung. Die Kohlenwasserstoffemissionen THC korrelieren mit diesem Verlauf. Je höher die Wärmefreisetzung und je kürzer die Brenndauer, desto niedriger die Kohlenwasserstoffemissionen THC. Gegen Ende des Hochdruckteils des Arbeitsspiels korrelieren die Abgastemperatur $T_{AbKrümmer}$ und die Massenmitteltemperatur T_m ebenfalls. Die Verbrennungsstabilität nimmt mit geringerer Kühlwassertemperatur ab. Aufgrund des zurückgeführten heißen Abgases, kann die Kühlwassertemperatur weiter abgesenkt werden als bei inaktivem zweitem Auslassventilhub.

6.6   Variation des Verdichtungsverhältnisses

In Tabelle 6.10 sind die Betriebspunkteinstellungen der Variation des Verdichtungsverhältnisses ε dargestellt. Der Versuchsaufbau unterscheidet sich lediglich durch die Kolben. Diese besitzen verschiedene Feuersteghöhen zur Darstellung der unterschiedlichen Verdichtungsverhältnisse. Das geometrische Verdichtungsverhältnis bei höherer Verdichtung beträgt 15,8 und bei niedrigerer Verdichtung 14,8. Die interne Restgasrate beträgt bei höherem Verdichtungsverhältnis 6,1 % und bei niedrigerem Verdichtungsverhältnis 6,6 %.

Tabelle 6.10: Betriebspunktparameter ε-Variation, inaktiver zweiter AVH

Drehzahl 1/min	m_{HE} mg/ASP	m_{NE} mg/ASP	ESZ_{HE} °KWvOT	ESZ_{NE} °KWnOT	m_{Luft} mg/ASP
1500	6,0	14,2	16	50	252

Die Messergebnisse der unterschiedlichen Verdichtungsverhältnisse sind in Abbildung 6.25 dargestellt. Der effektive Mitteldruck p_{me} ist bei geringerem Verdichtungsverhältnis gegen Ende des unterstöchiometrischen Motorbetriebs etwas höher, was mit dem indizierten Mitteldruck korreliert. Die Emissionsmesswerte der Kohlenwasserstoffe THC und der Kohlenmonoxide CO zeigen qualitativ dieselben Verläufe. Die NOx-Emissionen sind bei höherem Verdichtungsverhältnis höher, was mit der Massenmitteltemperatur T_m aus der Druckverlaufsanalyse korreliert. Je höher diese während der Haupteinspritzung ist, desto höher sind die NOx-Emissionen. Die Abgastemperaturen $T_{AbKrümmer}$ zeigen sowohl qualitativ als auch quantitativ die gleichen Verläufe.

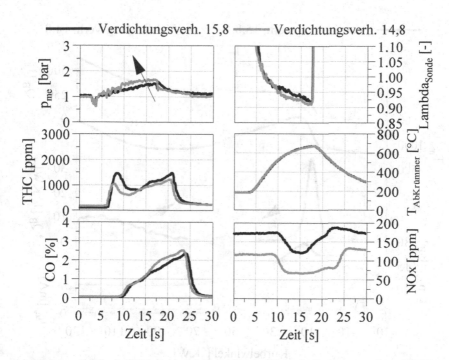

Abbildung 6.25: 1500 1/min, Messgrößen ε-Var., inaktiver zweiter AVH

In der Betrachtung der Ergebnisse der Druckverlaufsanalyse in Abbildung 6.26 lassen sich deutliche Unterschiede zwischen den beiden Verdichtungsverhältnissen erkennen. Das höhere Verdichtungsverhältnis weist während der Haupteinspritzung eine kürzere Zündverzugszeit, eine kürzere Brenndauer und eine etwas höhere Wärmefreisetzung im Brennverlauf dQ_B auf. Die Nacheinspritzung verhält sich umgekehrt zur Haupteinspritzung. Das höhere Verdichtungsverhältnis zeigt einen späteren Anstieg und ein geringeres Maximum in der Wärmefreisetzung des Brennverlaufs dQ_B. Die Zündbedingungen für die Nacheinspritzung durch den höheren Druck und die höhere Temperatur sind bei niedrigerem Verdichtungsverhältnis besser. Zu erkennen ist auch, dass die Wärmefreisetzung bei beiden Verdichtungsverhältnissen zum Zeitpunkt, an dem die Auslassventile öffnen, nicht abgeschlossen ist.

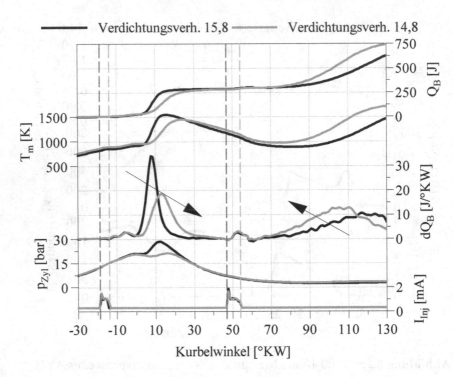

Abbildung 6.26: 1500 1/min, DVA ε-Var., Zyl. 1, inaktiver zweiter AVH

Eine Gleichstellung beider Brennverläufe dQ$_B$ kann über eine Luftmassenreduktion bei der Messung mit höherem Verdichtungsverhältnis erreicht werden. Dadurch wird die Verbrennung der Haupteinspritzung verzögert und die Kraftstoffumsetzung im Summenbrennverlauf etwas geringer, was zu einem früheren Beginn und einer höheren Wärmefreisetzung im Brennverlauf dQ$_B$ der Nacheinspritzung führt. Die Wirkung einer Luftmassenreduktion ist bereits in Kapitel 6.3.1 beschrieben. Auch bei anderen Haupteinspritzmassen zeigt sich ein gleiches Verhalten zwischen den unterschiedlichen Verdichtungsverhältnissen.

Das Verhalten der beiden Verdichtungsverhältnisse bei erhöhter Restgasrate wird im Folgenden beschrieben. Die Betriebspunktparameter bei einem zweiten Auslassventilhub von 0,35 mm sind in Tabelle 6.11 gelistet.

Tabelle 6.11: Betriebspunktparameter ε-Variation, 0,35 mm zweiter AVH

Drehzahl 1/min	m_{HE} mg/ASP	m_{NE} mg/ASP	ESZ_{HE} °KWvOT	ESZ_{NE} °KWnOT	m_{Luft} mg/ASP
1500	5,5	12	14	40	232

In Abbildung 6.27 sind die Messgrößen dargestellt. Die interne Restgasrate beträgt 15 % bei einem Verdichtungsverhältnis von 15,8 und 14,2 % bei einem Verdichtungsverhältnis von 14,8. Der zweite Auslassventilhub ist auf 0,35 mm eingestellt. Die grundsätzlichen Zusammenhänge und Einflüsse der internen Restgasrate auf das Brennverfahren sind bereits in Kapitel 6.1 beschrieben. Der effektive Mitteldruck p_{me} unterscheidet sich gegen Ende des unterstöchiometrischen Betriebs geringfügig. Das höhere Verdichtungsverhältnis weist einen fetteren Lambdaverlauf auf. Zum einen liegt dieser an der kürzeren Aufwärmphase, welche die Messung mit dem höheren Verdichtungsverhältnis zeigt. Zum anderen kann auch die geänderte Kolbengeometrie einen Einfluss auf die Kraftstoffstrahlinteraktion mit dem Kolben oder der Wand haben. Die kürzere Aufwärmphase hängt mit der Wärmefreisetzung während der Haupteinspritzung zusammen, wie dies bereits in Kapitel 6.2.1 beschrieben wurde. Diese ist bei der Messung mit dem höheren Verdichtungsverhältnis höher. Dementsprechend steigt die Massenmitteltemperatur T_m, was zu einem schnelleren Aufwärmverhalten führt, siehe Abbildung 6.28. Mit dem höheren Verdichtungsverhältnis steigen die CO-Emissionen, während die CO2-Emissionen sinken, beide Werte korrelieren mit dem Lambdawert. Die NOx-Emissionen korrelieren auch hier mit der Massenmitteltemperatur T_m während der Haupteinspritzung. Je höher diese ist, desto höher sind die NOx-Emissionen. Die Temperatur im Abgaskrümmer $T_{Ab-Krümmer}$ unterscheidet sich geringfügig. Dabei liegt die Abgastemperatur $T_{Ab-Krümmer}$ des niedrigeren Verdichtungsverhältnisses etwas höher, dies ist ebenfalls in der Massenmitteltemperatur T_m der Druckverlaufsanalyse zu erkennen.

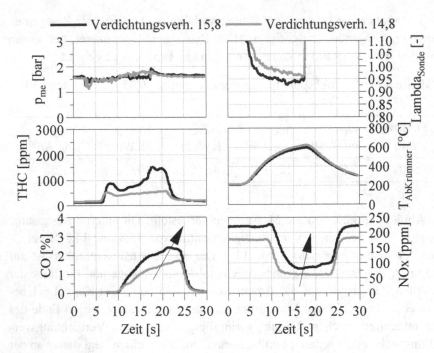

Abbildung 6.27: 1500 1/min, Messgrößen ε-Var., 0,35 mm zweiter AVH

Wie bereits beim Aufwärmverhalten erwähnt, zeigt das höhere Verdichtungsverhältnis eine höhere Wärmefreisetzung im Brennverlauf und eine kürzere Brenndauer während der Haupteinspritzung, siehe Abbildung 6.28. Die freigesetzte Wärme im Summenbrennverlauf Q_B ist ebenfalls höher. Die Wärmefreisetzung während der Nacheinspritzung verhält sich entgegengesetzt. Das höhere Verdichtungsverhältnis zeigt eine geringere Wärmefreisetzung im Brennverlauf dQ_B und eine längere Brenndauer. Außerdem ist bei der Messung mit höherem Verdichtungsverhältnis die Wärmefreisetzung zum Zeitpunkt, an dem die Auslassventile öffnen, noch nicht abgeschlossen. Auch hier ist zu erkennen, dass sich die unvollständige Kraftstoffumsetzung der Haupteinspritzung positiv auf die Zündbedingung der Nacheinspritzung auswirkt. Trotz geringerer Massenmitteltemperatur T_m und geringerem Druck p_{Zyl} zum Zeitpunkt der Nacheinspritzung zeigt das geringere Verdichtungsverhältnis eine höhere Wärmefreisetzung im Brennverlauf dQ_B und eine kürzere Brenndauer. Der etwas höhere effektive Mitteldruck p_{me} zum Ende des unterstöchiometrischen Motorbetriebs ergibt sich aus dem drehmomentenbildenden Anteil der Nacheinspritzung. Dieser nimmt mit fortschreitender Aufwärmung des Brennraums zu.

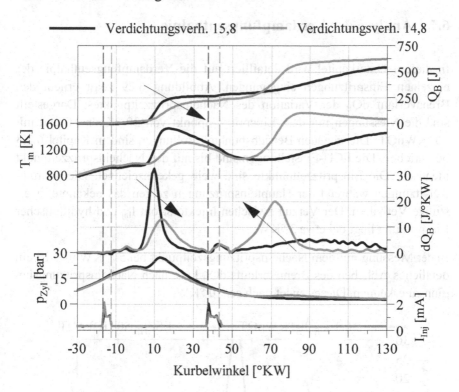

Abbildung 6.28: 1500 1/min, DVA ε-Var., 0,35 mm zweiter AVH, Zyl. 1

Die Untersuchungen der beiden Verdichtungsverhältnisse bestätigen, dass die grundlegenden Effekte einzelner Variationsparameter auf das Brennverfahren gleich sind. Tendenziell kann die Luftmasse im unterstöchiometrischen Betrieb mit höherem Verdichtungsverhältnis weiter abgesenkt werden. Durch die gegenseitige Beeinflussung der beiden Einspritzungen und der internen Restgasrate muss die Einspritzstrategie bei unterschiedlichen Verdichtungsverhältnissen angepasst werden. Die Charakteristik der Wärmefreisetzung im Brennverlauf bei einer Absenkung des Verdichtungsverhältnisses gleicht dem Verhalten einer Luftmassenreduktion, wie in Kapitel 6.3.1 gezeigt.

6.7 Analyse der Verdampfungsenthalpie

In diesem Unterkapitel wird detailliert auf die Verdampfungsenthalpie der einzelnen Einspritzungen eingegangen. Abbildung 6.29 zeigt erneut den Brennverlauf dQ_B der Variation des Nacheinspritzzeitpunktes. Dargestellt sind die Messungen mit dem Einspritzzeitpunkt von 30 °KWnOT und mit 50 °KWnOT. Die genauen Betriebspunkteinstellungen sind in Kapitel 6.2.3 beschrieben. Die ECU-Einstellungen sind bis auf den Nacheinspritzzeitpunkt identisch. Die Einspritzzeitpunkte sind weiß gekennzeichnet. Die Wärmefreisetzungen während der Haupteinspritzungen zeigen das bekannte zweistufige Verhalten. Der Verzug zwischen Injektorstrom I_{Inj} und hydraulischer Einspritzung liegt bei etwa 3 °KW.

In der Messung mit dem Nacheinspritzungszeitpunkt bei 50 °KWnOT ist ein deutliches Abheben des Brennverlaufs dQ_B kurz nach Nacheinspritzungsbeginn zu erkennen. Dieses endet nach ca. 10 °KW.

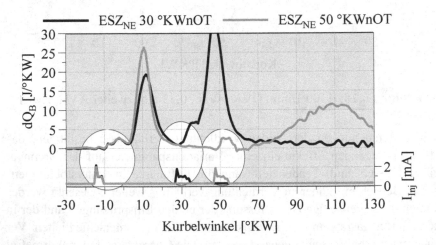

Abbildung 6.29: 1500 1/min, Verdampfungsenthalpie ESZ_{NE} Vergleich

Dieses Verhalten deutet auf eine Wärmefreisetzung durch Vorreaktionen hin. Im Anschluss daran erfolgt die Hauptwärmefreisetzung der Nacheinspritzung.

In Abbildung 6.30 wird genauer auf diesen Bereich der Nacheinspritzung eingegangen. Dargestellt sind wieder die Messungen der Variation des Nacheinspritzzeitpunktes. Der Heiz- und Brennverlauf (dQ_H und dQ_B) sind direkt gegenübergestellt. Die Berechnung des Heizverlaufs erfolgt auf Grundlage des ersten Hauptsatzes der Thermodynamik, der thermischen Zustandsgleichung und der Massenbilanz. Die Herleitung ist in [87] beschrieben.

Betrachtet wird zunächst die Messung mit 30 °KWnOT. In dieser ist im Heizverlauf dQ_H kein Wärmeentzug zum Nacheinspritzzeitpunkt erkennbar. Im Zuge der Brennverlaufsberechnung wird die Verdampfungsenthalpie $dQ_{Verdampfung}$ über ein Verdampfungsmodell zurückgerechnet und im Brennverlauf dQ_B entsprechend berücksichtigt. Sie ist ebenfalls in der Abbildung dargestellt. Bei der Betrachtung der Verdampfungsenthalpie der einzelnen Messungen ist zu erkennen, dass sie von der Temperatur abhängig ist. Mit steigender Massenmitteltemperatur T_m nimmt die Verdampfungsenthalpie bei gleicher Einspritzmasse zu. Die Berücksichtigung der Verdampfungsenthalpie führt in diesem Fall zu einer früheren Wärmefreisetzung im Brennverlauf dQ_B.

In den Heizverläufen dQ_H aller Messungen ist zu erkennen, dass trotz abnehmender Massenmitteltemperatur T_m die Messungen mit späterem Nacheinspritzzeitpunkt einen höheren Wärmeentzug zeigen. Der Betrag des Integrals des Wärmeentzugs nimmt ebenfalls von der Messung 30 °KWnOT bis zu der Messung 50 °KWnOT zu. Dieser Zusammenhang zeigt, dass trotz abnehmender Temperatur mit späterem Einspritzzeitpunkt der im Heizverlauf dQ_H offensichtliche Wärmeentzug betragsmäßig zunimmt. Dies deutet daraufhin, dass bei den früheren Einspritzzeitpunkten, wie bei 30 °KWnOT und 40 °KWnOT, Vorreaktionen stattfinden. Im Bereich der Einspritzung finden zwei Effekte gleichzeitig statt. Zum einen entzieht die Verdampfungsenthalpie dem Brennraum Wärme, zum anderen entsteht durch verschiedene Vorreaktionen Wärme. Aus diesen Vorreaktionen folgt die im Brennverlauf sichtbare Wärmefreisetzung kurz nach Einspritzbeginn.

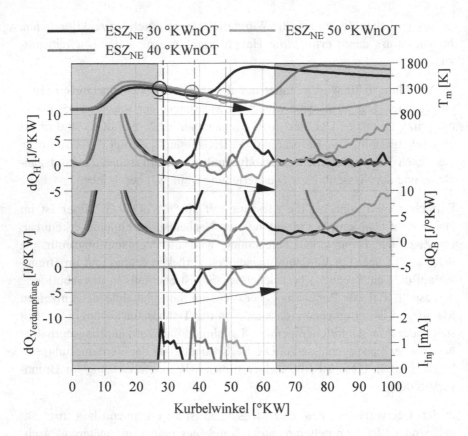

Abbildung 6.30: 1500 1/min, DVA ESZ$_{NE}$-Variation mit Heizverlauf

Der quantitative Wert der Wärmefreisetzung im Brennverlauf dQ$_B$ ist abhängig vom Verdampfungs- und Einspritzmodell und deren Parametern. Zudem ist er stark davon abhängig, wie die Temperatur des Kraftstoffs in flüssiger und gasförmiger Phase berechnet wird. Durch die hier durchgeführte Analyse mithilfe des Heizverlaufs kann nachgewiesen werden, dass kurz nach der Einspritzung Vorreaktion bzw. Vor-Wärmefreisetzung und Verdampfung simultan ablaufen.

Die Wärmefreisetzung im Brennverlauf dQ$_B$ während des Bereichs, in dem die Verdampfungsenthalpie dQ$_{Verdampfung}$ auftritt, ist relativ gering. Um messtechnische Ungenauigkeiten bei der Bewertung der Ergebnisse auszuschließen, ist in Abbildung 6.31 ein Nachweis für die Messdatenqualität gezeigt. Dargestellt sind drei unterschiedliche Messungen bei unterschiedlichen internen Restgasraten bzw. unterschiedlichen zweiten Auslassventilhüben. Die ECU-Einstellungen der drei Messungen sind identisch. Die wichtigsten Parameter sind bereits in Kapitel 6.1 beschrieben. Der einzige Unterschied besteht in der Höhe des zweiten Auslassventilhubs und somit in der internen Restgasrate. Wie bereits in Kapitel 6.1 beschrieben, erhöht sich der Druck p_{Zyl} und die Massenmitteltemperatur T_m zum Zeitpunkt der Nacheinspritzung mit zunehmender interner Restgasrate.

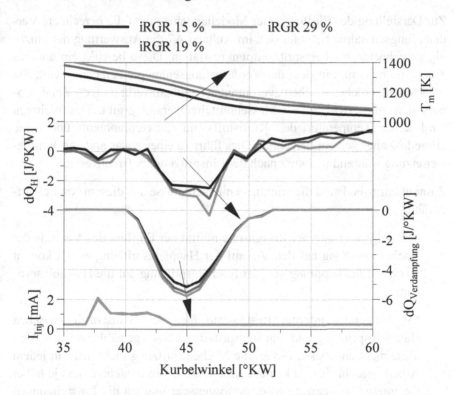

Abbildung 6.31: 1500 1/min, DVA iRGR-Variation mit Heizverlauf, Darstellung der Messqualität

Im Heizverlauf dQ_H ist nach dem Nacheinspritzzeitpunkt die richtige Tendenz in der Wärmefreisetzung zu erkennen. Der Wärmeentzug steigt mit zunehmender Massenmitteltemperatur T_m und Druck p_{Zyl}. Was auch in der berechneten Verdampfungsenthalpie $dQ_{Verdampfung}$ zu erkennen ist. Dies zeigt, dass auch sehr kleine Unterschiede messtechnisch erfasst und ausgewertet werden können. Zur quantitativen Berechnung der Verdampfungsenthalpie sind jedoch Modellannahmen notwendig. Diese führen bei der quantitativen Bestimmung der Wärmefreisetzung im Brennverlauf zu einer gewissen Unsicherheit. Durch die durchgeführte Auswertung kann jedoch gezeigt werden, dass Vorreaktionen bzw. eine Vor-Wärmefreisetzung und die Verdampfung des Kraftstoffs simultan stattfinden.

Zur Darstellung des Einflusses der Modellannahmen auf die berechnete Verdampfungsenthalpie befindet sich im Anhang A7 die Auswertung der einzonig gerechneten Nacheinspritzzeitpunktvariation. Diese bewirkt ein anderes Temperaturniveau, mit dem die Verdampfungsenthalpie berechnet wird. Sie unterscheidet nicht zwischen „verbrannter"- und „unverbrannter"- Zone, woraus sich eine etwas andere Massenmitteltemperatur ergibt. Des Weiteren wird keine Temperatur des Kraftstoffs im „unverbrannten" über eine „Pseudo-Zone" separat berechnet. Dies führt zu einer etwas anderen Wärmefreisetzung während und kurz nach der Einspritzung im Brennverlauf.

Zusammenfassend sind die wichtigsten Erkenntnisse aus diesem Kapitel aufgeführt.

■ Mit steigender interner Restgasrate nimmt der Einfluss des Verlaufs der Nacheinspritzung auf den Verlauf der Haupteinspritzung zu. Es kommt zu einer Rückkopplung von der Nacheinspritzung auf die Haupteinspritzung.

■ Mit steigender interner Restgasrate muss die Pausezeit zwischen Haupteinspritzung und Nacheinspritzung kürzer gewählt werden. Wird diese nicht angepasst, zündet die Nacheinspritzung nicht mehr in jedem Arbeitsspiel bis hin zu keinem Arbeitsspiel. Dies bedeutet, dass je höher die interne Restgasrate wird, desto genauer müssen die Einspritzungen aufeinander abgestimmt werden.

■ Bei hohen internen Restgasraten kann es zu einer unvollständigen Kraftstoffumsetzung kommen, was zu einem hohen Sauerstoffgehalt im Abgas führt. Dementsprechend schlecht wird der Sauerstoffumsetzungsgrad (η_{O2}).

■ Für die Zündbedingungen der Nacheinspritzung sind neben Druck und Temperatur besonders die unverbrannte Kraftstoffmasse aus der Haupteinspritzung und das Verhältnis von Sauerstoff- zu Gesamtzylindermasse entscheidend.

■ Mit späterem Nacheinspritzzeitpunkt wird die Gemischbildung auch durch das größer werdende Brennraumvolumen gehemmt.

■ Das Aufwärmverhalten des Systems läuft mit hohen internen Restgasraten schneller ab.

■ Mit zunehmenden internen Restgasraten kommt es zu unterschiedlichen Verbrennungsabläufen in den einzelnen Zylinder.

■ Im angedrosselten unterstöchiometrischen Motorbetrieb reagiert das Brennverfahren bei Verwendung einer Zweifacheinspritzung sehr sensitiv auf Änderungen in den Einspritzparametern.

■ Bei einer Änderung in der Luftmasse oder internen Restgasrate muss die Einspritzstrategie angepasst werden.

■ Eine Erhöhung der Ansauglufttemperatur führt zu besseren Zündbedingungen der Haupteinspritzung und erhöht das Androsselungspotenzial.

■ Bei niedrigeren Drehzahlen steht für die Gemischbildung mehr Zeit pro °KW zur Verfügung, wodurch die Zündbedingungen für die Haupteinspritzung verbessert werden. Dies gilt sowohl bei inaktivem als auch bei aktivem zweitem Auslassventilhub.

■ Eine Absenkung der Kühlwassertemperatur führt zu schlechteren Zündbedingungen der Haupteinspritzung. Mit höherer interner Restgasrate kann die Kühlwassertemperatur weiter abgesenkt werden, da durch das heiße zurückgesaugte Abgas die Zündbedingungen sichergestellt werden.

■   Ein höheres Verdichtungsverhältnis führt zu verbesserten Zündbedin-
    gungen für die Haupteinspritzung und erhöht damit das Androsselungs-
    potenzial.

7 Potenzialabschätzung hoher interner Restgasraten

7.1 Entwicklung einer Mehrfacheinspritzstrategie

7.1.1 Vorbetrachtungen

Die grundlegende Vorgehensweise bei der Entwicklung einer Mehrfacheinspritzstrategie ist bereits in Kapitel 4.4 beschrieben. Die Grundlagenuntersuchungen der vorherigen Kapitel zeigen, dass das Brennverfahren sehr sensitiv auf Änderungen der Einspritzstrategie und der internen Restgasrate reagiert. Um eine Potenzialabschätzung für den realen Fahrbetrieb treffen zu können, wird in diesem Kapitel die Entwicklung einer Mehrfacheinspritzstrategie beschrieben.

Der Ausgangsbetriebspunkt für die Entwicklung einer Mehrfacheinspritzstrategie wird aus den Grundlagenuntersuchungen mit zwei Einspritzungen abgeleitet. Verwendet wird der Motoraufbau mit dem geringeren Verdichtungsverhältnis von 14,8 (geometrisch). Für jede zu untersuchende zweite Auslassventilhubstellung gibt es einen entsprechenden Startbetriebspunkt. Dieser setzt sich im Wesentlichen aus den Einspritzparametern und der Luftmasse zusammen. Bei der Auswahl des Startbetriebspunktes ist besonders darauf zu achten, dass die Nacheinspritzung möglichst vollständig umsetzt, da sonst die Rückkopplung zur Haupteinspritzung einen Quereinfluss darstellt. Frühe Nacheinspritzzeitpunkte wirken drehmomentenbildend. Der frühest mögliche Nacheinspritzzeitpunkt wird auf 40 °KWnOT festgelegt. Dies begrenzt gleichzeitig auch die maximale Restgasrate, da die Nacheinspritzung mit zunehmender Restgasrate hin zu einem früheren Einspritzzeitpunkt verschoben werden muss. Für einen geringen effektiven Mitteldruck sind zudem ein möglichst später Haupteinspritzzeitpunkt sowie eine geringe Luftmasse anzustreben, da die Kraftstoffmasse und die Luftmasse über das Verbrennungsluftverhältnis miteinander gekoppelt sind. Die Verbrennungsstabilität sollte im Ausgangspunkt ebenfalls einen guten Wert von unter

M. Brotz, *NOx-Speicherkatalysatorregeneration bei Dieselmotoren mit variablem Ventiltrieb*, Wissenschaftliche Reihe Fahrzeugtechnik Universität Stuttgart, https://doi.org/10.1007/978-3-658-36681-0_7

0,2 bar in der Standardabweichung des indizierten Mitteldrucks aufweisen. Aus den in Kapitel 4.4 definierten Zielgrößen gilt es folglich den besten Kompromiss zu finden. Hierbei spielen insbesondere die in Abbildung 7.1 dargestellten Größen eine wichtige Rolle. Die wichtigsten Randbedingungen, die für einen validen Betriebspunkt mit minimalem indizierten Mitteldruck eingehalten werden müssen, sind die Verbrennungsstabilität und eine ausreichende Kraftstoffumsetzung bzw. ein hoher Sauerstoffumsetzungsgrad η_{O2}. In den meisten Fällen geht eine hohe Verbrennungsstabilität mit einer hohen Kraftstoffumsetzung einher. Ausnahmen entstehen bei sehr hohen internen Restgasraten, bei diesen kann die Verbrennungsstabilität sehr gut sein, während gleichzeitig eine schlechte Kraftstoffumsetzung vorliegt, wie in Kapitel 6.1 beschrieben. Bei der Entwicklung einer Mehrfacheinspritzstrategie beschreibt die Verbrennungsstabilität den wichtigsten Grenzwert, der eingehalten werden muss. Deshalb wird in den folgenden Kapiteln die Verbrennungsstabilität als primäres Kriterium für einen erfolgreichen unterstöchiometrischen Motorbetrieb herangezogen. Die Kraftstoffumsetzung und die Abgastemperatur kommen in erster Linie erst im NOx-Speicherkatalysator zum Tragen.

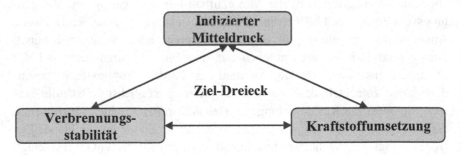

Abbildung 7.1: Zieldreieck Entwicklung Mehrfacheinspritzstrategie

Die Variationen zur Mehrfacheinspritzung werden zunächst ohne Drehmomentenregelung durchgeführt. Eine Drehmomentenvorsteuerung wird erst in den gefundenen Betriebspunkten, die ein hohes Potenzial zeigen, eingeführt.

7.1.2 Voreinspritzung

In dieser Kennfeld-Abrasterung wird sowohl die Masse der Voreinspritzung als auch die Pausenzeit zwischen Vor- und Haupteinspritzung variiert. Der Ausgangsbetriebspunkt mit zwei Einspritzungen ist in Tabelle 7.1 aufgelistet.

Tabelle 7.1:   Startpunkt VE-Variation, 0,5 mm zweiter AVH

Drehzahl 1/min	m_{HE} mg/ASP	m_{NE} mg/ASP	ESZ_{HE} °KWvOT	ESZ_{NE} °KWnOT	m_{Luft} mg/ASP
1500	5,5	17,75	10	42	227

Insgesamt sind mit Vor-, Haupt- und Nacheinspritzung drei Einspritzungen aktiv. Das Verbrennungsluftverhältnis wird konstant gehalten. Bei einer Erhöhung der Voreinspritzmasse wird die entsprechende Kraftstoffmasse der Haupteinspritzmasse abgezogen. Die Nacheinspritzmasse bleibt konstant. Der zweite AVH beträgt bei allen Messungen 0,5 mm. Die interne Restgasrate variiert zwischen den verschiedenen Messungen. Im Ausgangsbetriebspunkt entspricht dieser zweite AVH einer internen Restgasrate von 23 %. Die Verbrennungsstabilitäten $\sigma_{pmi\_normiert}$ der einzelnen Messpunkte der Kennfeldabrasterung sind in Abbildung 7.2 normiert auf den Ausgangsbetriebspunkt dargestellt. Zu erkennen ist, dass die Verbrennungsstabilität bei jedem Einspritzzeitpunkt mit zunehmender Voreinspritzmasse schlechter wird. Die schlechte Verbrennungsstabilität bei einem Abstand von 10 °KW zwischen Vor- und Haupteinspritzung entsteht durch ungleichmäßiges Zünden der Nacheinspritzung, diese zündet nicht mehr in jedem Arbeitsspiel. Dies zeigt sich auch in der Kraftstoffumsetzung bzw. im η_{O2} und im Lambdawert. Insgesamt ist zu sehen, dass in der Verbrennungsstabiltät bei einem zweiten Auslassventilhub von 0,5 mm keine Verbesserung erreicht werden kann. Aus den Brennverläufen geht hervor, dass die Restgasrate im Ausgangsbetriebspunkt so hoch ist, dass sie für eine stabile Zündung der Haupteinspritzung ausreicht. Die Voreinspritzung führt zu einer schnelleren Wärmefreisetzung, vollständigeren Kraftstoffumsetzung sowie einer kürzeren Brenndauer während der Haupteinspritzung im Vergleich zum Ausgangsbetriebspunkt. Daraus resultieren schlechtere Zündbedingungen für die Nacheinspritzung. Das Verhalten im Brennverlauf gleicht dem Verhalten der Haupteinspritzzeitpunktvariation aus Kapitel 6.2.2. Je kürzer die Brenndauer und je höher die Wärmefreisetzung während der Haupteinspritzung, desto länger die Brenndauer und geringer die Wärmefreisetzung der Nacheinspritzung. Die Vorkonditionierung für die Haupteinspritzung erfolgt in diesem Fall bereits über die entsprechende interne Restgasmasse.

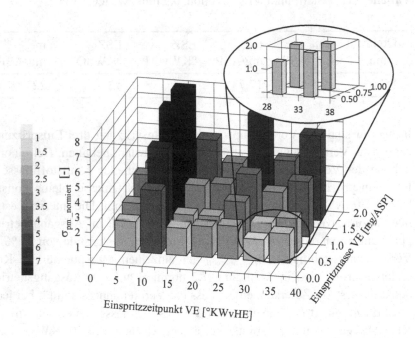

Abbildung 7.2: 1500 1/min, $\sigma_{pmi\_normiert}$ bei VE-Abrasterung, zweiter AVH 0,5 mm

Der Ausgangsbetriebspunkt mit inaktivem zweitem Auslassventilhub ist in Tabelle 7.2 gelistet.

Tabelle 7.2: Startpunkt VE-Variation, inaktiver zweiter AVH

Drehzahl 1/min	m_{HE} mg/ASP	m_{NE} mg/ASP	ESZ_{HE} °KWvOT	ESZ_{NE} °KWnOT	m_{Luft} mg/ASP
1500	6,5	13,4	16	50	252

Das Niveau der normierten Verbrennungsstabilität $\sigma_{pmi\_normiert}$ ist im Vergleich zu den Messungen mit zweitem AVH deutlich geringer, wie in Abbildung 7.3 zu sehen. Die Nacheinspritzung zündet aufgrund der geringeren internen Restgasrate im gesamten Kennfeld stabiler.

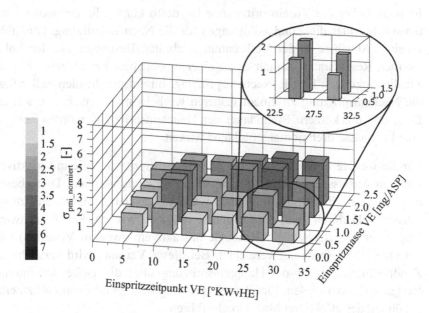

Abbildung 7.3: 1500 1/min, $\sigma_{pmi\_normiert}$ bei VE-Abrasterung, inaktiver zweiter AVH

Die Betrachtung der Brennverläufe zeigt, dass die Haupteinspritzung eine kürzere Brenndauer bei einer aktiven Voreinspritzung besitzt. Die daraus resultierende größere Pausenzeit zwischen Haupt- und Nacheinspritzung wirkt sich nachteilig auf die Zündbedingungen der Nacheinspritzung aus. Die schlechteren Zündbedingungen für die Nacheinspritzung mit zunehmender Voreinspritzmasse sind in der abnehmenden Verbrennungsstabilität zu erkennen. Ohne zweiten Auslassventilhub scheint eine Voreinspritzung sinnvoll zu sein, da sie die Zündbedingungen für die Haupteinspritzung verbessern kann. Durch eine entsprechende Anpassung des Nacheinspritzzeitpunktes besteht das Potenzial einer weiteren Luftmassenreduktion und damit einer Absenkung des effektiven Mitteldrucks.

Im direkten Vergleich der beiden Variationen mit 0,5 mm und inaktivem zweiten Auslassventilhub lässt sich zusammenfassend festhalten, dass die Voreinspritzmasse zu einer kürzeren Brenndauer in der Haupteinspritzung führt. Je höher die Voreinspritzmasse ist, desto kürzer die Brenndauer und umso schlechter die Zündbedingungen für die Nacheinspritzung. Dies führt zu einer Abnahme in der Verbrennungsstabilität. Besonders bei den hohen internen Restgasraten kommt es zu einer erheblichen Verschlechterung der Zündbedingungen für die Nacheinspritzung. Im entsprechenden Fall müsste die Nacheinspritzung zu einem früheren Kurbelwinkel verschoben werden. Dies, und die kürzere Brenndauer der Haupteinspritzung, würden bei gleicher Luftmasse drehmomentenbildend wirken.

Für die weitere Entwicklung einer Mehrfacheinspritzstrategie mit inaktivem zweitem Auslassventilhub wird eine Voreinspritzung aktiviert. Diese besitzt das Potenzial, die Zündbedingungen während der Haupteinspritzung zu stabilisieren. Dadurch kann die Luftmasse reduziert werden. Für die Entwicklung einer Mehrfacheinspritzstrategie mit aktivem zweitem Ventilhub wird auf eine Voreinspritzung verzichtet. Bei dieser Variante wird versucht, die Zündbedingungen für die Haupteinspritzung über die Höhe der internen Restgasrate einzustellen. Eine Voreinspritzung würde in diesem Fall zu einer Erhöhung des effektiven Mitteldrucks führen.

7.1.3   Angelagerte Nacheinspritzung

In dieser Kennfeld-Variation wird ausgehend von dem Bestpunkt der Voreinspritzvariation die Haupteinspritzung in zwei Einspritzungen aufgeteilt. Dabei bleibt der Einspritzzeitpunkt der Haupteinspritzung gleich. Die Kraftstoffmasse der Haupteinspritzung reduziert sich um die Kraftstoffmasse, die der angelagerten Nacheinspritzung zugeführt wird. Variiert wird sowohl die Pausenzeit zwischen Haupt- und angelagerter Nacheinspritzung als auch die Kraftstoffmassenaufteilung. Bei der Kennfeldvermessung der hohen internen Restgasrate mit einem aktiven zweiten Auslassventilhub von 0,5 mm wird keine Voreinspritzung verwendet, wie im vorherigen Unterkapitel beschrieben. Durch die Aufteilung der Kraftstoffmasse auf zwei Einspritzungen wird der effektive Mitteldruck über das gesamte Kennfeld reduziert. Weiterhin besteht das Potenzial, die Nacheinspritzung zu einem späteren Kurbelwinkel zu verschieben, da durch die angelagerte Nacheinspritzung die Zündbedingungen für die Nacheinspritzung verbessert werden. Dies führt ebenfalls zu einer Reduktion des effektiven Mitteldrucks. Die normierte Verbrennungsstabilität ist in Abbildung 7.4 zu sehen. Bei kurzen Pausenzeiten und hohen Kraftstoffmassen kommt es zu einer Abnahme der Verbrennungsstabiltät. Dies lässt sich auf das Einspritzen des Kraftstoffs während der laufenden Niedertemperaturreaktionen der Haupteinspritzung zurückführen. Bei längeren Pausenzeiten und hohen Kraftstoffmassen kommt es ebenfalls zu einer Abnahme in der Verbrennungsstabilität, im Vergleich zu kleineren Kraftstoffmassen. Die längere Pausenzeit führt dazu, dass die angelagerte Nacheinspritzung zum Einspritzzeitpunkt der Nacheinspritzung noch eine ablaufende Verbrennung enthält. Um dies zu verhindern, müsste die Nacheinspritzung in den entsprechenden Punkten zu einem späteren Kurbelwinkel erfolgen. Eine deutliche Verbesserung in der Verbrennungsstabilität ist im Bereich von 25 °KW und 35 °KW Pausenzeit und kleinen Kraftstoffmassen zu beobachten. Außerdem liegt aufgrund der Aufteilung der Kraftstoffmasse ein geringerer effektiver Mitteldruck im Vergleich zum Ausgangsbetriebspunkt vor.

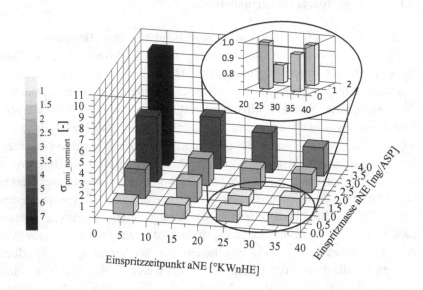

Abbildung 7.4: 1500 1/min, $\sigma_{pmi\_normiert}$ bei aNE-Abrasterung, zweiter AVH
0,5 mm

Das Ergebnis der Untersuchungen mit inaktivem zweitem Auslassventilhub ist in Abbildung 7.5 dargestellt. Auffällig ist auch hier das niedrigere Niveau der Verbrennungsstabilität im gesamten Kennfeld, im Vergleich zu einem zweiten AVH von 0,5 mm. Dies bestätigt erneut, dass mit interner Restgasrate die Toleranz auf Änderungen in den Einspritzzeitpunkten und -massen sinkt. Durch die interne Restgasrate werden die Zündbedingungen zwar für die Haupteinspritzung verbessert, jedoch für die folgenden Einspritzungen erschwert. Deutliche Potenziale in der Verbrennungsstabilität $\sigma_{pmi\_normiert}$ liegen vor allem bei längeren Pausenzeiten und geringen Einspritzmassen. Der Grund für die mit zunehmender Einspritzmasse abnehmende Verbrennungsstabilität ist identisch zu dem mit 0,5 mm zweitem AVH.

Im Vergleich beider Konfigurationen mit und ohne aktivierten zweiten Auslassventilhub zeigt sich, dass eine geringe angelagerte Nacheinspritzmasse bei einer längeren Pausenzeit stabilisierend wirkt. Der Grund für die Destabilisierung der Verbrennung bei höheren Einspritzmassen resultiert aus dem

Einspritzbeginn der Nacheinspritzung. Dieser beginnt, während die angelagerte Nacheinspritzung noch eine Wärmefreisetzung aufweist. Durch eine Verschiebung des Nacheinspritzzeitpunktes zu einem späteren Kurbelwinkel erhöht sich die Verbrennungsstabilität wieder.

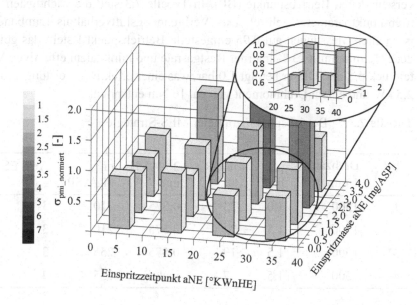

Abbildung 7.5: 1500 1/min, $\sigma_{pmi\_normiert}$ bei aNE-Abrasterung, inaktiver zweiter AVH

Die Vorgehensweise zur Suche eines Optimums ist in Kapitel 4.4 vorgestellt. Dabei müssen mehrere Iterationsschleifen durchlaufen werden. In jeder Iterationsschleife wird der Variationsbereich um das Optimum feiner abgerastert. Im Anschluss erfolgt im gefundenen Optimum die Einführung einer vorgesteuerten Einspritzstrategie. Dabei werden die Kraftstoffmassen über der Zeit so vorgesteuert, dass der effektive Mitteldruck eine möglichst geringe Schwankung aufweist.

7.1.4   Vergleich der MES-Strategien

In diesem Unterkapitel werden die gefundenen Optima mit und ohne aktivierten zweiten Auslassventilhub gegenübergestellt. Abbildung 7.6 zeigt die verschiedenen Betriebspunkte (BP). In Tabelle 7.3 sind die wichtigsten Betriebspunktparameter gelistet. Das Verbrennungsluftverhältnis Lambda$_\text{Sonde}$ ist in allen Messungen auf 0,95 eingestellt. Betriebspunkt 1 stellt das gefundene Optimum mit 23 % interner Restgasrate und minimalem effektiven Mitteldruck p$_\text{me}$ dar. Dieser beträgt 1,0 bar, was einer effektiven Leistung von ca. 2,5 kW und einem Drehmoment von ca. 16 Nm entspricht.

Tabelle 7.3:   Betriebspunktparameter MES-Strategie

BP -	Drehzahl 1/min	p$_\text{me}$ bar	iRGR %	2$^\text{ter}$ AVH mm	m$_\text{Luft}$ mg/ASP	Anz. ES -
1	1500	1,0	23	0,575	210	3
2	1500	1,5	23	0,575	210	3
3	1500	1,5	19	0,575	255	3
4	1500	1,5	7	inaktiv	255	4

Betriebspunkt 4 zeigt das gefundene Optimum ohne aktiven zweiten Auslassventilhub und ohne externe Abgasrückführung. Dieser besitzt einen effektiven Mitteldruck p$_\text{me}$ von 1,5 bar. Die Luftmasse muss für eine stabile Zündung deutlich höher gewählt werden, im Vergleich mit aktiviertem zweitem Auslassventilhub. Dementsprechend wird auch die Kraftstoffmasse angehoben. Bei der Anzahl an aktiven Einspritzungen unterscheiden sich die beiden gefundenen Optima ebenfalls. Der Betriebspunkt mit aktiviertem zweitem Auslassventilhub (BP1) enthält drei Einspritzungen, der ohne zweiten Auslassventilhub (BP4) vier. In allen Betriebspunkten ist die geringe Schwankung im effektiven Mitteldruck p$_\text{me}$ zu erkennen. Die Betriebsartenumschaltung erfolgt auch hier bei Sekunde drei, wie in Kapitel 4.2 beschrieben.

Betriebspunkt 1 zeigt einen um 0,5 bar niedrigeren effektiven Mitteldruck p$_{me}$ gegenüber Betriebspunkt 4. Betriebspunkt 2 und Betriebspunkt 3 stellen den neuen Freiheitsgrad, der durch den zweiten Auslassventilhub ermöglicht wird, dar. Durch die Restgassteuerung ist es möglich Betriebspunkte über einem effektiven Mitteldruck von 1,0 bar über unterschiedliche Prozessparameter einzustellen.

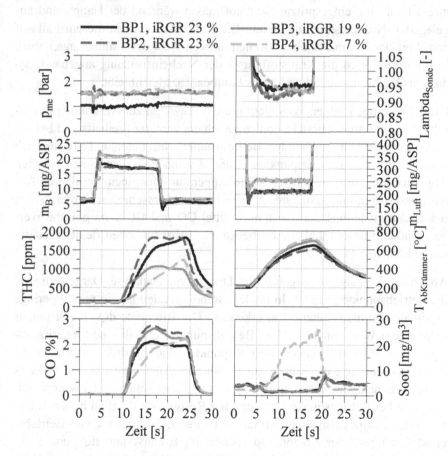

Abbildung 7.6: 1500 1/min, Messgrößen Vergleich MES-Strategien

Ausgehend vom Optimum in Betriebspunkt 1 kann eine Lastanhebung über zwei mögliche Pfade eingeleitet werden. Über den Kraftstoffpfad oder über den Luftpfad. Eine Lastanhebung über den Kraftstoffpfad (Betriebspunkt 2) erfolgt über eine Kraftstoffmassenumverteilung während der einzelnen Einspritzungen. In diesem Fall wird mehr momentenbildende Kraftstoffmasse während der Haupt- und angelagerten Nacheinspritzung eingespritzt. Die Gesamtmasse an eingespritztem Kraftstoff und somit das Verbrennungsluftverhältnis Lambda$_{Sonde}$ bleibt gleich. Bei der Lastanhebung über die Luftmasse bleibt die eingespritzte Kraftstoffmasse während der Haupt- und angelagerten Nacheinspritzung gleich. Die Luftmasse wird in diesem Fall auf den Wert der Luftmasse ohne zweiten aktiven Auslassventilhub angehoben. Entsprechend wird die Kraftstoffmasse der Nacheinspritzung angepasst, sodass das Verbrennungsluftverhältnis Lambda$_{Sonde}$ gleichbleibt.

Diese Messungen zeigen, dass nicht nur ein Potenzial zur Absenkung des effektiven Mitteldrucks besteht, sondern auch ein weiterer Freiheitsgrad bei der Einstellmöglichkeit bestimmter Betriebspunkte im unteren Teillastbetrieb vorliegt. Bei den Betriebspunkten 2 und 3 kann zwischen einem höheren Abgasmassenstrom mit höherer Abgastemperatur oder einem geringeren Abgasmassenstrom und geringerer Abgastemperatur entschieden werden. Auch bei der Bereitstellung der Reduktionsmittel CO und HC kann gewählt werden. Dadurch ist es möglich, auf bestimmte Fahrsituationen flexibel reagieren zu können.

Abbildung 7.7 zeigt das Ergebnis der Druckverlaufsanalyse. Dargestellt sind die Betriebspunkte 1 und 4. In beiden Brennverläufen ist die relativ geringe maximale Wärmefreisetzung zu erkennen. Die Brennrate dQ_B bleibt immer unter einem Wert von 15 J/°KW. Betriebspunkt 4 enthält eine Einspritzstrategie mit vier Einspritzungen, Betriebspunkt 1 eine mit drei Einspritzungen. Diese, und die Lage der Einspritzungen sind im Ansteuerstrom des Injektors I_{Inj} zu erkennen. Die Massenmitteltemperatur T_m ist während der Kompressionsphase bei Betriebspunkt 1 mit interner Restgasrate deutlich höher. Ebenfalls höher, trotz geringerer Luftmasse, ist der Zylinderdruck von Betriebspunkt 1 während der Kompressionsphase. Im Brennverlauf dQ_B und Summenbrennverlauf Q_B ist die nicht abgeschlossene Wärmefreisetzung am Ende des Hochdruckteils des Arbeitsspiels zu erkennen. In der Kohlenstoffbilanz und im Sauerstoffumsetzungsgrad η_{O2} besitzen beide Betriebspunkte hohe Werte. Dies lässt die Annahme zu, dass eine vollständige Kraftstoffumsetzung bis vor Katalysator erfolgt ist.

In beiden Brennverläufen dQ$_B$ ist zu erkennen, dass für einen möglichst geringen effektiven Mitteldruck eine möglichst geringe Wärmefreisetzung besonders um den momentenbildenden Bereich des oberen Totpunktes erfolgen muss. Ziel ist es, den Großteil der Kraftstoffmasse zu einem möglichst späten Kurbelwinkel umsetzen zu können. Besonders mit steigenden internen Restgasraten wird die Zündung der Nacheinspritzung zu einem späteren Kurbelwinkel anspruchsvoller, wie in Kapitel 6.1 beschrieben.

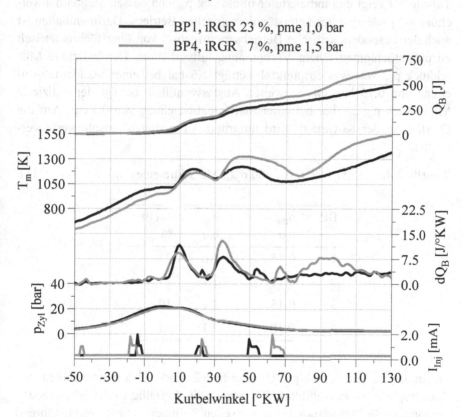

Abbildung 7.7: 1500 1/min, DVA Vergleich MES Strategien, Zyl. 1

Um dennoch ausreichende Zündbedingungen zu erreichen, werden die Haupteinspritzung und angelagerte Nacheinspritzung so platziert, dass sie nur die minimal nötige Wärmefreisetzung besitzen, um die Zündbedingungen für die nachfolgenden Einspritzungen bereitzustellen. Eine Erklärung für die höheren Rußemissionen des Betriebspunkts 4 könnte im höheren Temperaturlevel während der Wärmefreisetzungen der angelagerten Nacheinspritzung und der Nacheinspritzung liegen. Dadurch übersteigt die lokale Temperatur das kritische Level zur Begünstigung von Rußemissionen und die Rußentstehung wird nicht mehr unterdrückt, siehe Kapitel 2.1.2.

Tabelle 7.4 zeigt den indizierten Mitteldruck p_{mi} und dessen Standardabweichung σ_{pmi} während des unterstöchiometrischen Betriebs. Darin enthalten ist auch der besonders kritische Betriebsartenwechsel von überstöchiometrisch zu unterstöchiometrischem Verbrennungsluftverhältnis. Der indizierte Mitteldruck p_{mi} von Betriebspunkt 1 beträgt 1,6 bar bei einer Standardabweichung von 0,15 bar. Ohne zweiten Auslassventilhub beträgt der indizierte Mitteldruck p_{mi} 2,1 bar bei einer Standardabweichung von 0,1 bar. Auf die Darstellung der Kovarianz wird aufgrund der geringen Absolutwerte verzichtet.

Tabelle 7.4:   1500 1/min, p_{mi} und σ_{pmi}, MES-Strategie

BP	σ_{pmi}	p_{mi}	iRGR
-	bar	bar	%
1	0,15	1,6	23
2	0,11	2,1	23
3	0,15	2,1	19
4	0,10	2,1	7

Der indizierte Mitteldruck p_{mi} der einzelnen Zylinder über den verschiedenen Arbeitsspielen ist in Abbildung 7.8 dargestellt. Auffällig ist der etwas niedrigere indizierte Mitteldruck p_{mi} des zweiten Zylinders. Dieser zeigt während der Haupt- und angelagerten Nacheinspritzung eine geringere Wärmefreisetzung im Vergleich zu den anderen Zylindern.

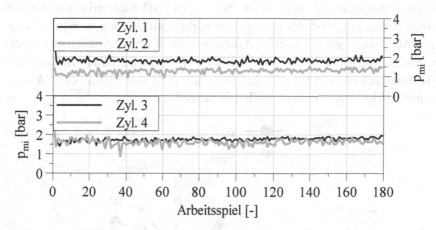

Abbildung 7.8: 1500 1/min, p_{mi} über ASP im MES-Bestpunkt mit mininma-
lem p_{me} und 23 % iRGR

Die entsprechend geringere Wärmefreisetzung während der ersten beiden
Einspritzungen wird während der Nacheinspritzung ausgeglichen, diese zeigt
eine entsprechend höhere Wärmefreisetzung. Wie bereits in Kapitel 6.1 beschrieben, kann es bei hohen internen Restgasraten aufgrund der Gasdynamik zu Zylinderunterschieden kommen.

7.2 Robustheit des entwickelten Brennverfahrens

In diesem Unterkapitel wird beschrieben, wie das Brennverfahren auf Abweichungen in den Regelgrößen reagiert. Ziel ist es, ein Verständnis für die
notwendige Regelgenauigkeit während des unterstöchiometrischen Betriebs
mit hohen internen Restgasraten zu erhalten. Abbildung 7.9 zeigt ausgehend
vom gefundenen Optimum der Mehrfacheinspritzstrategie bei einem effektiven Mitteldruck p_{me} von 1,0 bar den Einfluss einer Abweichung im zweiten
Auslassventilhub. Die Messgrößen sind normiert auf den Ausgangsbetriebspunkt. Der Ausgangsbetriebspunkt befindet sich in Abbildung 7.9 bei 0,575
mm. Abweichungen zu kleineren und größeren internen Restgasraten bzw.
zweiten Auslassventilhüben führen zu einer relativ schnellen Abnahme in der

Verbrennungsstabilität σ_{pmi}. Während des unterstöchiometrischen Betriebs ergeben sich aufgrund der starken Ansaugluftandrosselung bereits bei kleinen Abweichungen im zweiten Auslassventilhub große Änderungen in der internen Restgasrate und somit im Brennverfahren. Der graue Balken stellt ein Toleranzband von 0,1 mm dar. Die Rußemission steigt bei einer Abweichung zu kleineren Auslassventilhüben schnell an.

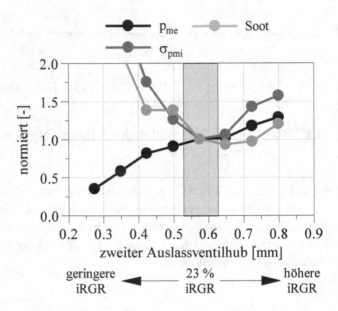

Abbildung 7.9: 1500 1/min, 1 bar p_{me}, Einfluss zweiter AVH-Abweichung

Abbildung 7.10 zeigt das Verhalten des effektiven Mitteldrucks p_{me}, der Rußemission (Soot) und der Verbrennungsstabilität σ_{pmi} bei Abweichungen in der Luftmasse. Bereits bei Unterschreiten der Soll-Luftmasse um ca. 3 % kommt es zu einem Zusammenbruch des Brennverfahrens. Die Verbrennungsstabilität σ_{pmi} nimmt schnell ab. Wohingegen sich das Brennverfahren bei höheren Luftmassen relativ stabil verhält.

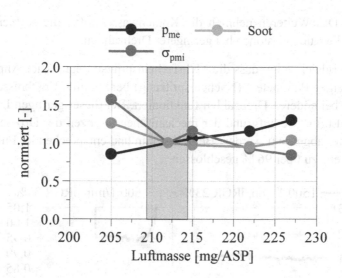

Abbildung 7.10: 1500 1/min, 1 bar p_{me}, Einfluss Luftmassen-Abweichung

Bei einer Änderung der Drehzahl im Bestpunkt mit minimalem effektiven Mitteldruck und Mehrfacheinspritzung gelten dieselben Zusammenhänge, wie in Kapitel 6.4 bereits für zwei Einspritzungen beschrieben. Abbildung 7.11 zeigt einen Vergleich zwischen der Messung mit 1500 1/min und minimalem effektiven Mitteldruck p_{me} und der Messung mit 800 1/min bei gleicher effektiver Leistung von 2,5 kW. Die Mehrfacheinspritzstrategien beider Messungen unterscheiden sich lediglich im Einspritzzeitpunkt der Nacheinspritzung. Dieser muss aufgrund der geringeren Drehzahl und höheren internen Restgasrate zu einem früheren Kurbelwinkel stattfinden, damit noch stabile Zündbedingungen vorliegen. Alle anderen Betriebspunktparameter, bis auf die Drehzahl, sind identisch. Die Verbrennungsstabilitäten σ_{pmi} bzw. die Standardabweichungen beider Messungen betragen 0,15 bar. Durch den gleichen zweiten Auslassventilhub von 0,575 mm ergibt sich bei der Messung mit geringerer Drehzahl aufgrund der stärkeren Luftmassenandrosselung eine unterschiedliche interne Restgasrate. Die interne Restgasrate der Messung mit 1500 1/min beträgt 23 %, während die der Messung mit 800 1/min 34 % beträgt. Die Abgastemperatur im Abgaskrümmer $T_{AbKrümmer}$ ist deshalb in Kombination mit einer, früheren Nacheinspritzung, deutlich geringer. Des Weiteren nehmen die Kohlenwasserstoff-, die Kohlenmono-xid- und die Rußemissionen bei geringerer Drehzahl zu.

Dieser Vergleich zeigt, dass die Mehrfacheinspritzstrategie unter Anpassung eines einzigen Parameters (Nacheinspritzung) bereits gute Ergebnisse liefert und auch bei anderen Drehzahlen funktioniert. Bei dieser geringen Drehzahl kann die Luftmasse aufgrund der mechanischen Grenzen der Drosselklappe nicht weiter abgesenkt werden. Bei 800 1/min und entsprechender Luftmasse ist sie bereits zu über 96 % geschlossen.

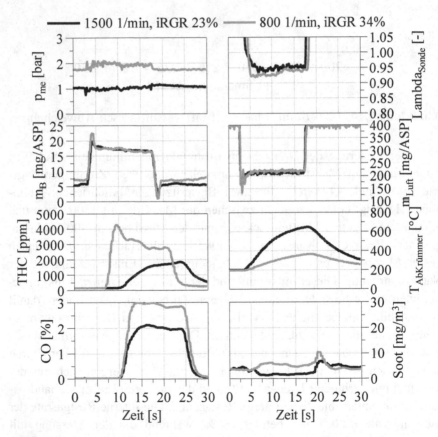

Abbildung 7.11: Vergleich 1500 1/min vs. 800 1/min, MES-Strategie

Betrachtet man die Ergebnisse der Druckverlaufsanalyse genauer, so lässt sich daraus ableiten, dass bei geringerer Drehzahl die Brenndauern, kurbelwinkelbasiert gesehen, kürzer werden, vgl. Kapitel 6.4. Dies führt dazu, dass mit geringerer Drehzahl die Anzahl der Einspritzungen erhöht werden sollte. Zudem würde bei Einführung einer dritten Nacheinspritzung zu einem späteren Kurbelwinkel das geringe Abgastemperaturniveau ansteigen. Auch werden durch die Erhöhung der internen Restgasrate die Unterschiede zwischen den einzelnen Zylindern größer, vgl. Kapitel 6.1.

7.3 Verifizierung mit eingebautem NOx-Speicherkatalysator

In diesem Unterkapitel wird die entwickelte optimale Betriebsstrategie für den minimalen effektiven Mitteldruck mit verbautem Abgasnachbehandlungssystem verifiziert. Das Vorgehen ist bereits in Kapitel 4.4 beschrieben. Gemessen werden eine Einspeicher- und eine Regenerationsphase. Abbildung 7.12 zeigt das Messergebnis. Der effektive Mitteldruck p_{me} zeigt nur eine geringe Schwankung. Die Lambdasonde vor NSK zeigt während der Regenerationsphase das unterstöchiometrische Verbrennungsluftverhältnis an. Die Lambdasonde nach NSK zeigt ein nahezu stöchiometrisches Verbrennungsluftverhältnis an. Der Grund hierfür sind die Einspeicherung und Oxidation der Reduktionsmittel CO und HC. Das Regenerationsende kann nicht durch ein Kreuzen der Lambdasignale vor und nach Katalysator bestimmt werden, wie dies beispielsweise in Kapitel 2.3.1 beschrieben wurde. Begründen lässt sich dies mit hoher Wahrscheinlichkeit durch das geringe Temperaturniveau innerhalb des NSKs. Das geringe Temperaturniveau führt dazu, dass nicht genügend Wasserstoff während der Verbrennung produziert wird [65]. In der Luftmasse m_{Luft} ist die Androsselung sichtbar. Die Kraftstoffmasse m_B zeigt während des unterstöchiometrischen Betriebs einen deutlichen Mehrverbrauch an. Zu Beginn der Regeneration kommt es zu einem Durchbruch der NOx-Emissionen. Kurz vor der Regenerationsphase ist die Annäherung der NOx-Emissionswerte vor und nach NSK erkennbar. Nach der Regeneration ist der Abstand beider Emissionswerte zueinander deutlich größer. Die Trägheit der Abgastemperatur nach Katalysator ist gut zu erkennen. Der in Abbildung 7.12 gezeigte Einspeicher- und Regenerationszyklus ist nur ein Zyklus aus mehreren hintereinander stattfindenden Regenerations- und Speicherzyklen, weshalb die Temperatur in der Einspeicherphase nach Katalysator auch etwas höher liegt als die Temperatur vor Katalysator.

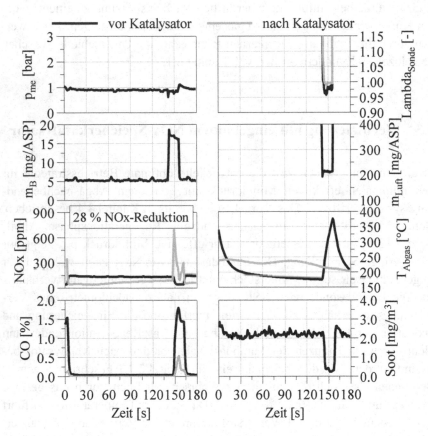

Abbildung 7.12: 1500 1/min, MES-Bestpunkt 23 % iRGR mit Abgasnachbehandlungssystem, NOx-Speicherkatalysatorregeneration bei p_{me} 1 bar

Die Rußemission ist, wie im vorherigen Kapitel bereits beschrieben, gering. Der Grund hierfür ist die Kombination der teilhomogenen Verbrennung der Haupteinspritzung und des relativ geringen Temperaturniveaus während der

Nacheinspritzung. Das Potenzial in diesem gezeigten Speicher- und Regenerationszyklus liegt bei einer NOx-Reduktion von ca. 28 %.

Zusammenfassend sind die wichtigsten Punkte aus diesem Kapitel aufgelistet.

■ Grundvoraussetzung für die Auslegung eines unterstöchiometrischen Betriebspunktes mit minimalem indiziertem Mitteldruck sind valide Werte für die Verbrennungsstabilität und die Kraftstoffumsetzung, welche einhergeht mit einem geringen Restsauerstoffgehalt (η_{O2}).

■ Bei hohen internen Restgasraten ist die Freiheit der Einspritzzeitpunkte deutlich geringer im Vergleich zu geringen internen Restgasraten.

■ Bei hohen internen Restgasraten wird kein Vorteil durch die Verwendung einer Voreinspritzung gesehen. Grund hierfür ist die kürzere Brenndauer und vollständigere Kraftstoffumsetzung während der Haupteinspritzung, diese wirkt sich negativ auf die Zündbedingungen der Nacheinspritzung aus.

■ Bei inaktivem zweitem Auslassventilhub zeigt die Voreinspritzung das Potenzial zur Verbesserung der Verbrennungsstabilität.

■ Die angelagerte Nacheinspritzung zeigt sowohl bei niedrigen internen Restgasraten als auch bei hohen internen Restgasraten das Potenzial zur Drehmomentenreduktion. Bei Einführung einer angelagerten Nacheinspritzung kann die Nacheinspritzung zu einem späteren Kurbelwinkel erfolgen.

■ Mit einer internen Restgasrate von 23 % ist ein unterstöchiometrischer Motorbetrieb bei einem effektiven Mitteldruck p_{me} von 1,0 bar und einer validen Verbrennungsstabilität möglich.

■ Über einem effektivem Mitteldruck p_{me} von 1,0 bar bietet der variable Ventiltrieb die Möglichkeit, zwischen beispielsweise geringem Kraftstoffverbrauch oder hoher Abgasenthalpie zu entscheiden. Zusätzlich kann zwischen den Reduktionsmitteln CO und THC sowie deren zur Verfügung stehenden Mengen gewählt werden. Daraus ergibt sich die Möglichkeit, auf unterschiedliche Fahrsituationen flexibel zu reagieren.

- Für eine hohe Reproduzierbarkeit des Brennverfahrens müssen Kraftstoffmasse, interne Restgasrate und die Luftmasse eine hohe Regelgenauigkeit besitzen.

- Die eruierte Mehrfacheinspritzstrategie bei hohen internen Restgasraten kann über die Anpassung der Nacheinspritzung relativ einfach auf andere Drehzahlen adaptiert werden.

- Eine NSK-Regeneration ist bei einem effektiven Mitteldruck p_{me} von 1,0 bar und einer validen Verbrennungsstabilität möglich.

8 Zusammenfassung und Ausblick

8.1 Zusammenfassung

Das Ziel der vorliegenden Arbeit ist, den Kennfeldbereich der NOx-Spei-cherkatalysatorregeneration in den unteren Motorlastbereich zu erweitern. Als Lösungsansatz wird hierfür ein variabler Ventiltrieb eingesetzt. Der Hauptfokus liegt auf der Ventiltriebskonfiguration, die einen zweiten Aus-lassventilhub ermöglicht. Dadurch können hohe interne Restgasraten erzeugt werden. Besonders im Niedrigstlastbereich und unter starker Ansaugluft-androsselung ermöglicht diese hohe interne Restgasrate aufgrund des zu-rückgesaugten heißen Abgases stabilere Zündbedingungen. Als Resultat folgt eine Erweiterung des Motorkennfeldbereichs in dem eine NOx-Spei-cherkatalysatorregeneration möglich ist. Die Untersuchungen finden am Motorenprüfstand mit einer anschließenden Auswertung der Messdaten statt. Als Versuchsträger kommt ein seriennaher Zwei-Liter-Vier-Zylinder-Diesel-motor mit einem Prototypen-Ventiltrieb zum Einsatz. In drei konsekutiven Kapiteln wird das Brennverfahren zur Darstellung eines unterstöchiometri-schen Motorbetriebs detailliert untersucht.

Im ersten Teil werden Grundlagenuntersuchungen zum Androsselungspoten-zial des Versuchsmotors vorgenommen. Dabei zeigt sich, dass die Luftmasse unter Verwendung des zweiten Auslassventilhubs deutlich reduziert werden kann. Das zurückgesaugte Abgas verbessert die Startbedingungen im Zylin-der durch die höhere Temperatur und den höheren Druck. Ausgehend von der geringsten Luftmasse wird untersucht, wie weit das Verbrennungsluft-verhältnis bei nur einer aktiven Haupteinspritzung abgesenkt werden kann. Ohne zweiten Auslassventilhub ist das Verbrennungsluftverhältnis durch die maximalen Druckanstiegsgradienten begrenzt. Ein unterstöchiometrisches Verbrennungsluftverhältnis kann daher bei geringster Luftmasse nicht er-reicht werden. Bei Verwendung des zweiten Auslassventilhubs und einer ho-hen internen Restgasrate kann ein unterstöchiometrisches Verbrennungsluft-verhältnis bei geringster Luftmasse erreicht werden. Jedoch ist die Abgas-

M. Brotz, *NOx-Speicherkatalysatorregeneration bei Dieselmotoren mit variablem Ventiltrieb*, Wissenschaftliche Reihe Fahrzeugtechnik Universität Stuttgart,
https://doi.org/10.1007/978-3-658-36681-0_8

temperatur so gering, dass der Betrieb mit nur einer Haupteinspritzung und minimaler Luftmasse ungeeignet für eine NSK-Regeneration ist. Deshalb sind zur Darstellung bei geringen Motorlasten mindestens zwei Einspritzungen erforderlich. Auch wird deutlich, dass unter Verwendung hoher interner Restgasraten die bestmögliche NSK-Regenerationsstrategie nicht bei der geringsten Luftmasse liegen muss. Ein weiterer Aspekt der NSK-Regeneration ist der dynamische Betriebsartenwechsel. Der Wechsel von dem regulären überstöchiometrischen Betrieb zum unterstöchiometrischen Regenerationsbetrieb ist besonders kritisch hinsichtlich der Verbrennungsstabilität. Deutlich zu erkennen ist ein Aufwärmverhalten, das nach Einleitung des Betriebsartenwechsels auftritt.

Im zweiten Teil werden umfangreiche Untersuchungen zur Beschreibung des unterstöchiometrischen Brennverfahrens bei sehr niedrigen Motorlasten durchgeführt. Als Einspritzstrategie dient eine Zweifach-Einspritzung, da diese die Mindestanzahl darstellt, die für einen unterstöchiometrischen Betrieb bei geringen Motorlasten für eine NSK-Regeneration benötigt wird. Um Einzeleinflüsse herauszuarbeiten, wird ein einzelner Parameter pro Variation verändert. Die Einleitung des unterstöchiometrischen Betriebs findet über einen dynamischen Betriebsartenwechsel statt. Die Untersuchungen zeigen, dass es bereits ohne aktiven zweiten Auslassventilhub eine Rückkopplung von Nacheinspritzung zu Haupteinspritzung gibt. Das Umsatzverhalten der Nacheinspritzung hat einen Einfluss auf das Umsatzverhalten der Haupteinspritzung. Gleichzeitig kommt es zu einem Aufwärmverhalten nach Einleitung des Betriebsartenwechsels. Mit steigenden internen Restgasraten nimmt der Einfluss des Umsatzverhaltens der Nacheinspritzung auf die Haupteinspritzung zu. Bei gleichem Haupteinspritzzeitpunkt und konstanter Haupteinspritzmasse muss die Nacheinspritzung für eine vollständige Kraftstoffumsetzung früher erfolgen. Die Freiheit der Einspritzzeitpunkte sinkt mit steigender Restgasrate. Wird der Nacheinspritzzeitpunkt nicht angepasst, kommt es zuerst zu unregelmäßiger Zündung und anschließend bleibt die Zündung vollständig aus. Die Aufwärmphase wird mit sinkender Motorlast zunehmend kritischer. Das Umsatzverhalten der Nacheinspritzung hängt stark von den aus der Haupteinspritzung resultierenden unverbrannten Kraftstoffanteilen und vom Gesamtverhältnis Sauerstoff- zu Zylindermasse ab. Die jeweiligen Variationen der Einspritz- und der Luftpfadparameter zeigen den Einfluss auf das Brennverfahren detailliert auf. Bei den vorliegenden kleinen Motorlasten besitzen bereits kleine Abweichungen im Einspritzzeitpunkt oder der Kraftstoffmasse großen Einfluss auf das Brennverfahren. Mit ausreichender interner Restgasrate zum Zeitpunkt der Nacheinspritzung findet ein Unterdrücken der Rußemissionen, aufgrund des geringeren lokalen Temperaturniveaus, statt. Gleiches gilt für die NOx-Emissionen zum Zeitpunkt der Haupteinspritzung. Die Wärmefreisetzung während der Haupteinspritzung erfolgt zweistufig, bestehend aus der Niedertemperaturreaktion Wärmefreisetzung und der Hochtemperaturreaktion Wärmefreisetzung. Aus der Ansauglufttemperaturvariation zeigt sich, dass durch eine Erhöhung der Temperatur im Einlasskanal die Zündbedingungen für die Haupteinspritzung verbessert werden können und dadurch die Luftmasse weiter abgesenkt werden kann. Eine Drehzahlabsenkung bei moderater interner Restgasrate wirkt sich ebenfalls positiv auf das Zündverhalten der Haupteinspritzung aus. Bei der Variation der Kühlwassertemperatur kann gezeigt werden, dass mit hoher interner Restgasrate die Kühlwassertemperatur weiter abgesenkt werden kann. Auch eine Erhöhung des Verdichtungsverhältnisses bewirkt verbesserte Zündbedingungen der Haupteinspritzung.

Der dritte Teil beschäftigt sich mit der Potenzialabschätzung des unterstöchiometrischen Brennverfahrens für den realen Fahrbetrieb bei sehr geringer Motorlast. Das Ziel ist die Entwicklung eines ECU-Parametersatzes, der bei minimal möglichem Motordrehmoment und valider Verbrennungsstabilität eine NSK-Regeneration erlaubt. Der Hauptfokus liegt auf der Darstellung eines stabilen unterstöchiometrischen Brennverfahrens, das über einen dynamischen Betriebsartenwechsel eingeleitet wird. Als geometrisches Verdichtungsverhältnis ist 14,8 gewählt, da dies die größere Herausforderung in Bezug auf den unteren Teillastbetrieb darstellt und im Zuge künftiger Niedrigstemissionsmotoren als relevant anzusehen ist. Die Methodik bei der Entwicklung erfolgt unter Verwendung eines teilfaktoriellen Ansatzes und mehreren Iterationsschleifen. Entwickelt werden zwei Parametersätze, einer für die konventionellen Steuerzeiten und einer für die Ventiltriebskonfiguration mit zweitem Auslassventilhub. Dabei ist bei einer Motordrehzahl von 1500 1/min und 23 % interner Restgasrate ein effektiver Mitteldruck p_{me} von 1,0 bar erreichbar. Dies entspricht einem indizierten Mitteldruck p_{mi} von 1,6 bar. Die Standardabweichung des indizierten Mitteldrucks σ_{pmi} beträgt 0,15 bar. Die effektive Motorleistung beträgt ca. 2,5 kW. Ohne den variablen Ventiltrieb und ohne externe AGR kann ein minimaler effektiver Mitteldruck p_{me} von 1,5 bar erreicht werden. Bei Motorlastanforderungen über einem effektiven Mitteldruck p_{me} von 1,0 bar stellt der variable Ventiltrieb einen neuen Freiheitsgrad dar. Motorlasten, die über einem effektiven Mitteldruck p_{me} von 1,0 bar liegen, können nun auf verschiedene Arten eingestellt werden. So kann beispielsweise eine Drehmomentenerhöhung über eine Kraftstoffmassenumverteilung bei gleicher Luftmasse oder durch eine Luftmassenerhöhung erfolgen. Dadurch kann sehr schnell auf unterschiedliche Fahrsituationen reagiert werden. Es kann beispielsweise zwischen einem höheren Abgasenthalpiestrom oder einem geringeren Kraftstoffverbrauch entschieden werden. Die gefundenen ECU-Strategien werden im nächsten Schritt auf ihre Robustheit gegenüber Regelabweichungen untersucht. Im Anschluss daran erfolgt für die Demonstration der Funktionsfähigkeit der gefundenen NSK-Regenerationsstrategie eine Validierung mit verbautem Abgasnachbehandlungssystem. Diese zeigt, dass eine erfolgreiche NSK-Regeneration bei einem effektiven Mitteldruck p_{me} von 1,0 bar und einer Motordrehzahl von 1500 1/min stattfinden kann.

8.2   Ausblick

Auch in Zukunft werden Dieselmotoren mit ihren vergleichsweise hohen Wirkungsgraden zur Eindämmung des weltweiten CO_2-Ausstoßes benötigt. Der Blick nach Indien zeigt, dass dort innerhalb kürzester Zeit die Einführung strengerer Abgasnormen nach weltweitem Standard vorangetrieben wird. Das Anforderungsprofil des indischen Marktes ist für die Abgasnachbehandlung aufgrund der geringen Lastanforderungen nochmals verschärft. Insbesondere der zweite Auslassventilhub bietet ein großes Potenzial für die Abgasnachbehandlung, wie die Abgastemperaturerhöhung oder die Stabilisierung der Verbrennung bei geringen Motorlasten oder kalten Umgebungsbedingungen. Die in dieser Arbeit vorgestellten Verfahren leisten einen wichtigen Beitrag zur Einhaltung zukünftiger Verbrauchs- und Emissionsstandards. Das vorgestellte Ventiltriebssystem benötigt einen sehr kompakten Bauraum, womit es für den Einsatz in Serienmotoren prädestiniert ist. Es befinden sich bereits eine Reihe variabler Ventiltriebssysteme bei Diesel-motoren im Serieneinsatz.

Im nächsten Entwicklungsschritt gilt es Regenerationsstrategien herauszuar-beiten. Hierbei eignen sich besonders simulativ unterstützte Entwicklungsan-sätze. Die Regenerationsstrategien sollten dann im ersten Schritt am Moto-renprüfstand dynamisch innerhalb eines Testzyklus validiert werden, bevor im Anschluss daran die Übertragung auf ein reales Fahrzeug und die dortige Validierung der eruierten Regenerationsstrategie innerhalb der RDE-Fahrten stattfindet. Zudem bietet der variable Ventiltrieb auch in Kombinationen mit elektrisch beheizbaren Katalysatoren Potenziale, um die Schadstoffemissio-nen nochmals deutlich zu reduzieren. Dahingehend ergibt sich weiterer For-schungsbedarf, um die Kombination eines variablen Ventiltriebssystems mit einem elektrisch beheizbaren Katalysator innerhalb eines Hybridverbundes zu untersuchen.

Literaturverzeichnis

[1] MITTERECKER, Horst; WIESER, Martin; WEIßBÄCK, Michael; WANCURA, Hannes: *Dieselmotor als wichtiger Baustein zur CO2-Flottenzielerreichung.* In: *MTZ - Motortechnische Zeitschrift* 79 (2018), 7-8, S. 40–45

[2] WANCURA, Hannes; WEIßBÄCK, Michael; HOFFMANN, Stefan; UNTERBERGER, Bastian: *Der elektrifizierte Diesel als nachhaltige Zukunftslösung.* In: *MTZ - Motortechnische Zeitschrift* 81 (2020), Nr. 12, S. 30–35

[3] DEMUYNCK, Joachim; BOSTEELS, Dirk; BUNAR, Frank; SPITTA, Joachim: *Diesel-Pkw mit extrem niedrigem NOx-Niveau im Realfahrbetrieb.* In: *MTZ - Motortechnische Zeitschrift* 81 (2020), Nr. 1, S. 42–47

[4] LANDSBERG, Dirk; MÜLLER-STACH, Torsten; MÖNKEBERG, Frank; FIEBIG, Michael: *Effiziente Katalysatortechnologien für Dieselfahrzeuge.* In: *MTZ - Motortechnische Zeitschrift* 80 (2019), Nr. 6, S. 36–43

[5] RATZBERGER, Reinhard; EICHLSEDER, Helmut; WIESER, Martin: *Emissionskonzepte für Diesel-Pkw in Indien 2020.* In: *MTZ - Motortechnische Zeitschrift* 79 (2018), Nr. 9, S. 40–45

[6] MERKER, Günter P. (Hrsg.); TEICHMANN, Rüdiger (Hrsg.): *Grundlagen Verbrennungsmotoren : Funktionsweise Simulation Messtechnik.* 7. Aufl., 2014

[7] DEC, John E.: A Conceptual Model of DI Diesel Combustion Based on Laser-Sheet Imaging*. In: *SAE Technical Paper Series* : SAE International400 Commonwealth Drive, Warrendale, PA, United States, 1997 (SAE Technical Paper Series).

[8] FLYNN, Patrick F.; DURRETT, Russell P.; HUNTER, Gary L.; ZUR LOYE, Axel O.; AKINYEMI, O. C.; DEC, John E.; WESTBROOK, Charles K.:

Diesel Combustion: An Integrated View Combining Laser Diagnostics, Chemical Kinetics, And Empirical Validation. In: *SAE Technical Paper Series* : SAE International400 Commonwealth Drive, Warrendale, PA, United States, 1999 (SAE Technical Paper Series).

[9] FRITZSCHE, Martin: *Identifikation der relevanten Gemischbildungsparameter für Hoch-AGR-Diesel-Brennverfahren mit bestmöglichem Wirkungsgrad : Dissertation.* Stuttgart, Universität Stuttgart. 2016

[10] MERKER, Günter (Hrsg.); SCHWARZ, Christian (Hrsg.); STIESCH, Gunnar (Hrsg.); OTTO, Frank (Hrsg.): *Verbrennungsmotoren : Simulation der Verbrennung und Schadstoffbildung.* 3. Aufl., 2006

[11] MOLLENHAUER, Klaus (Hrsg.); TSCHÖKE, Helmut (Hrsg.): *Handbuch Dieselmotoren.* 3. Aufl., 2007

[12] BAUMGARTEN, Carsten: *Mixture Formation in Internal Combustion Engine* : Springer Berlin Heidelberg, 2006

[13] MATTES, Peter; REMMELS, Werner; SUDMANNS, Hans: *Untersuchungen zur Abgasrückführung am Hochleistungsdieselmotor.* In: *MTZ - Motortechnische Zeitschrift* 60 (1999), Nr. 4, S. 234–243

[14] FIGER, Günter: *Homogene Selbstzündung und Niedertemperaturbrennverfahren für direkteinspritzende Dieselmotoren mit niedrigsten Partikel- und Stickoxidemissionen.* Graz, TU Graz. Dissertation. 2003

[15] HAAS, Simon-Florian: *Experimentelle und theoretische Untersuchung homogener und teilhimogener Brennverfahren.* Stuttgart, Universität Stuttgart. Dissertation. 2007

[16] WEIßBÄCK, Michael; CSATÓ, János; GLENSVIG, Michael; SAMS, Theodor; HERZOG, Peter: *Alternative Brennverfahren.* In: *MTZ - Motortechnische Zeitschrift* 64 (2003), Nr. 9, S. 718–727

[17] BRAUER, Maximilian: *Schadstoffverhalten und Lastgrenze der vorgemischten Dieselverbrennung.* Magdeburg, Otto-von-Guericke-Universität Magdeburg. Dissertation. 2010

[18] BECK, Andre: *Beschreibung des Zündverzuges von dieselähnlichen Kraftstoffen im HCCI-Betrieb.* Stuttgart, Universität Stuttgart. Dissertation. 2012

[19] CHRISTENSEN, Magnus; JOHANSSON, Bengt: The Effect of In-Cylinder Flow and Turbulence on HCCI Operation. In: *SAE Technical Paper Series* : SAE International400 Commonwealth Drive, Warrendale, PA, United States, 2002 (SAE Technical Paper Series).

[20] VRESSNER, Andreas; HULTQVIST, Anders; JOHANSSON, Bengt: Study on Combustion Chamber Geometry Effects in an HCCI Engine Using High-Speed Cycle-Resolved Chemiluminescence Imaging. In: *SAE Technical Paper Series* : SAE International400 Commonwealth Drive, Warrendale, PA, United States, 2007 (SAE Technical Paper Series).

[21] TAKEDA, Yoshinaka; KEIICHI, Nakagome; KEIICHI, Niimura: Emission Characteristics of Premixed Lean Diesel Combustion with Extremely Early Staged Fuel Injection. In: *SAE Technical Paper Series* : SAE International400 Commonwealth Drive, Warrendale, PA, United States, 1996 (SAE Technical Paper Series).

[22] NAKAGOME, Keiichi; SHIMAZAKI, Naoki; NIIMURA, Keiichi; KOBAYASHI, Shinji: Combustion and Emission Characteristics of Premixed Lean Diesel Combustion Engine. In: *SAE Technical Paper Series* : SAE International400 Commonwealth Drive, Warrendale, PA, United States, 1997 (SAE Technical Paper Series).

[23] WALTER, B.; GATELLIER, B.: *Near Zero NOx Emissions and High Fuel Efficiency Diesel Engine: the Naditm Concept Using Dual Mode Combustion.* In: *Oil & Gas Science and Technology* 58 (2003), Nr. 1, S. 101–114

[24] WALTER, Bruno; GATELLIER, Bertrand: Development of the High Power NADI™ Concept Using Dual Mode Diesel Combustion to Achieve Zero NOx and Particulate Emissions. In: *SAE Technical Paper Series* : SAE International400 Commonwealth Drive, Warrendale, PA, United States, 2002 (SAE Technical Paper Series).

[25] ZHAO, Hua; PENG, Z.; WILLIAMS, J.; LADOMMATOS, N.: Understanding the Effects of Recycled Burnt Gases on the Controlled Autoignition

(CAI) Combustion in Four-Stroke Gasoline Engines. In: *SAE Technical Paper Series* : SAE International400 Commonwealth Drive, Warrendale, PA, United States, 2001 (SAE Technical Paper Series).

[26] YAO, Mingfa; ZHENG, Zhaolei; LIU, Haifeng: *Progress and recent trends in homogeneous charge compression ignition (HCCI) engines.* In: *Progress in Energy and Combustion Science* 35 (2009), Nr. 5, S. 398–437

[27] WESTBROOK, Charles K.: *Chemical kinetics of hydrocarbon ignition in practical combustion systems.* In: *Proceedings of the Combustion Institute* 28 (2000), Nr. 2, S. 1563–1577

[28] TANAKA, S.: *Two-stage ignition in HCCI combustion and HCCI control by fuels and additives.* In: *Combustion and Flame* 132 (2003), 1-2, S. 219–239

[29] AKIHAMA, Kazuhiro; TAKATORI, Yoshiki; INAGAKI, Kazuhisa; SASAKI, Shizuo; DEAN, Anthony M.: Mechanism of the Smokeless Rich Diesel Combustion by Reducing Temperature. In: *SAE Technical Paper Series* : SAE International400 Commonwealth Drive, Warrendale, PA, United States, 2001 (SAE Technical Paper Series).

[30] KAMIMOTO, Takeyuki; BAE, Myurng-hoan: High Combustion Temperature for the Reduction of Particulate in Diesel Engines. In: *SAE Technical Paper Series* : SAE International400 Commonwealth Drive, Warrendale, PA, United States, 1988 (SAE Technical Paper Series).

[31] ACEVES, Salvador M.; FLOWERS, Daniel L.: A Detailed Chemical Kinetic Analysis of Low Temperature Non-Sooting Diesel Combustion. In: *SAE Technical Paper Series* : SAE International400 Commonwealth Drive, Warrendale, PA, United States, 2005 (SAE Technical Paper Series).

[32] SASAKI, Shizuo; KOBAYASHI, Nobuki; HASHIMOTO, Yoshiki; TANAKA, Toshiaki; HIROTA, Shinja: *Neues Verbrennungsverfahren für ein „Clean Diesel System" mit DPNR.* In: *MTZ - Motortechnische Zeitschrift* 63 (2002), Nr. 11, S. 948–954

[33] SEEWALDT, Sebastian: *Entwicklung einer Funktionsstruktur für die zylinderdruckbasierte Regelung der teilhomogenen Dieselverbrennung.* Stuttgart, Universität Stuttgart. Dissertation. 2013

[34] REBECCHI, Patrick: *Fundamentals of Thermodynamic for Pressure-Based Low-Temperature Premixed Diesel Combustion Control.* Stuttgart, Universität Stuttgart. Dissertation. 2012

[35] AUERBACH, Christian: *Zylinderdruckbasierte Mehrgrößenregelung des Dieselmotors mit teilhomogener Verbrennung.* Stuttgart, Universität Stuttgart. Dissertation. 2016

[36] SKARKE, Phillipp: *Simulationsgestützter Funktionsentwicklungsprozess zur Regelung der homogenisierten Dieselverbrennung.* Stuttgart, Universität Stuttgart. Dissertation. 2016

[37] *Ventiltrieb.* Wiesbaden : Springer Fachmedien Wiesbaden, 2013

[38] KOPP, Carsten: *Variable Ventilsteuerung für Pkw-Dieselmotoren mit Direkteinspritzung.* Magdeburg, Otto-von-Guericke-Universität Magdeburg. Dissertation. 2006

[39] DIEZEMANN, Matthias; POHLKE, René; BRAUER, Maximilian; SEVERIN, Christopher: *Anhebung der Abgastemperatur am Dieselmotor durch variablen Ventiltrieb.* In: *MTZ - Motortechnische Zeitschrift* 74 (2013), Nr. 4, S. 308–315

[40] BRAUER, Maximilian; HIMSEL, Frank; POHLKE, René; CHRISTGEN, Wolfgang: *Variabler Ventiltrieb für moderne Dieselmotoren.* In: *MTZ - Motortechnische Zeitschrift* 79 (2018), Nr. 11, S. 46–51

[41] ELICKER, Michael; CHRISTGEN, Wolfgang; KIYANNI, Jahaazeb; BRAUER, Maximilian: *Variables Ventiltriebkonzept zur Erfüllung zukünftiger Emissionsstandards von Dieselfahrzeugen.* In: *MTZ - Motortechnische Zeitschrift* 82 (2021), Nr. 2, S. 38–44

[42] SCHAEFFLER TECHNOLOGIES AG & CO. KG (Hrsg.); Dr. Frank Himsel (Mitarb.): *Mobility for tomorrow : Schaeffler eRocker System,* 2018

[43] FLIERL, Rudolf; HOSSE, Daniel; TEMP, Arne; WERTH, Christoph: *Restgassteuerung am Verbrennungsmotor mit variablen Steuerzeiten durch*

Zusatzventilhub. In: *MTZ - Motortechnische Zeitschrift* 75 (2014), Nr. 2, S. 36–43

[44] METHLEY, I., ASPINALL, J., WALTON, M., LANCEFIELD, T., GRAUL, W.: *FlexValve: CVVA System for Diesel Engines Optimisation of air-path systems and EATS thermal management* (3rd INTERNATIONAL CONFERENCE DIESEL-POWERTRAINS 3.0). Ludwigsburg, 11.06.2017 – Überprüfungsdatum 2017-06-11

[45] PIERBURG GMBH: *Variable Ventiltriebe : Die Evolution des Motors*. URL https://cdn.rheinmetall-automotive.com/fileadmin/media/kspg/Broschueren/Poduktbroschueren/Pierburg/Variabler_Ventiltrieb/Bro_Var_Ventiltrieb_DE_web.pdf

[46] GONZALEZ D, Manuel A.; DI NUNNO, Davide: Internal Exhaust Gas Recirculation for Efficiency and Emissions in a 4-Cylinder Diesel Engine. In: *SAE Technical Paper Series* : SAE International400 Commonwealth Drive, Warrendale, PA, United States, 2016 (SAE Technical Paper Series).

[47] BRESSION, Guillaume; PACAUD, Pierre; SOLERI, Dominique; CESSOU, Jérôme; AZOULAY, David; LAWRENCE, Nick; DORADOUX, Laurent; GUERRASSI, Noureddine: Comparative Study in LTC Combustion between a Short HP EGR Loop without Cooler and a Variable Lift and Duration System. In: *17. Aachener Kolloquium Fahrzeug- und Motorentechnik*, 2008, S. 911–932

[48] DEPPENKEMPER, Kai; GÜNTHER, Marco; PISCHINGER, Stefan: *Potenziale von Ladungswechselvariabilitäten beim Pkw-Dieselmotor II old*. In: *MTZ - Motortechnische Zeitschrift* 78 (2017), S. 70–75

[49] WEBER, Olaf; JÖRGL, Volker; BULLMER, Wolfgang; WYATT, Steve: *Variable Ventilsteuerung als Ergänzung zur Hybrid-Abgasrückführung beim Dieselmotor*. In: *MTZ - Motortechnische Zeitschrift* 70 (2009), Nr. 4, S. 308–315

[50] SCHUTTING, Eberhard; NEUREITER, Andreas; FUCHS, Christian; SCHATZBERGER, Thorolf; KLELL, Manfred; EICHLSEDER, Helmut; KAMMERDIENER, Thomas: *Miller- und Atkinson-Zyklus am aufgelade-*

nen *Dieselmotor*. In: *MTZ - Motortechnische Zeitschrift* 68 (2007), Nr. 6, S. 480–485

[51] MILLO, F.; MALLAMO, F.; ARNONE, L.; BONANNI, M.; FRANCESCHINI, D.: Analysis of Different Internal EGR Solutions for Small Diesel Engines. In: *SAE Technical Paper Series* : SAE International400 Commonwealth Drive, Warrendale, PA, United States, 2007 (SAE Technical Paper Series).

[52] KITABATAKE, Ryo; MINATO, Akihiko; INUKAI, Naoki; SHIMAZAKI, Naoki: *Simultaneous Improvement of Fuel Consumption and Exhaust Emissions on a Multi-Cylinder Camless Engine*. In: *SAE International Journal of Engines* 4 (2011), Nr. 1, S. 1225–1234

[53] WALTER, B.; PACAUD, P.; GATELLIER, B.: *Variable Valve Actuation Systems for Homogeneous Diesel Combustion: How Interesting are They?* In: *Oil & Gas Science and Technology* 63 (2008), Nr. 4, S. 517–534

[54] AGRELL, Fredrik; ÅNGSTRÖM, Hans-Erik; ERIKSSON, Bengt; WIKANDER, Jan; LINDERYD, Johan: Control of HCCI During Engine Transients by Aid of Variable Valve Timings Through the Use of Model Based Non-Linear Compensation. In: *SAE Technical Paper Series* : SAE International400 Commonwealth Drive, Warrendale, PA, United States, 2005 (SAE Technical Paper Series).

[55] EBRAHIMI, Khashayar; KOCH, Charles; SCHRAMM, Alex: A Control Oriented Model with Variable Valve Timing for HCCI Combustion Timing Control. In: *SAE Technical Paper Series* : SAE International400 Commonwealth Drive, Warrendale, PA, United States, 2013 (SAE Technical Paper Series).

[56] DEUTSCHMANN, Olaf; GRUNWALDT, Jan-Dierk: *Abgasnachbehandlung in mobilen Systemen: Stand der Technik, Herausforderungen und Perspektiven*. In: *Chemie Ingenieur Technik* 85 (2013), Nr. 5, S. 595–617

[57] CHAN, Denise: *Thermische Alterung von Dieseloxidationskatalysatoren und NOx-Speicherkatalysatoren : Korrelierung von Aktivität und Speicherfähigkeit mit physikalischen und chemischen Katalysatoreigenschaften*. Karlsruhe, KIT. Dissertation. 2013

[58] NOVA, Isabella; CASTOLDI, Lidia; LIETTI, Luca; TRONCONI, Enrico; FORZATTI, Pio: *On the dynamic behavior of "NO -storage/reduction" Pt–Ba/Al2O3 catalyst*. In: *Catalysis Today* 75 (2002), 1-4, S. 431–437

[59] EPLING, William S.; CAMPBELL, Larry E.; YEZERETS, Aleksey; CURRIER, Neal W.; PARKS, James E.: *Overview of the Fundamental Reactions and Degradation Mechanisms of NOx Storage/Reduction Catalysts*. In: *Catalysis Reviews* 46 (2004), Nr. 2, S. 163–245

[60] WERQUET, Nicole: *Modellgesteuerte Regelung der Regenerationseinleitung in einem Abgassystem mit NOx-Speicherkatalysator*. Clausthal, Technischen Universität Clausthal. Dissertation. 2008

[61] MAURER, Michael; FORTNER, Thomas; HOLLER, Peter; EICHLSEDER, Helmut: *DeSOx-Einfluss auf das Alterungsverhalten eines NOx-Speicherkatalysators*. In: *MTZ - Motortechnische Zeitschrift* 79 (2018), Nr. 3, S. 68–73

[62] AL-HARBI, Meshari; EPLING, William S.: *The effects of regeneration-phase CO and/or H2 amount on the performance of a NOX storage/reduction catalyst*. In: *Applied Catalysis B: Environmental* 89 (2009), 3-4, S. 315–325

[63] KEMSKI, Thomas: *Anpassung eines Dieselbrennverfahrens zur NOx-Speicherkatalysator-Regeneration*. Magdeburg, Otto-von-Guericke-Universität Magdeburg. Dissertation. 2014

[64] BLAKEMAN, Philip G.; ANDERSEN, Paul J.; HAI-YING, Chen; JONSSON, J. David; PHILLIPS, Paul R.; TWIGG, Martyn V.: Performance of NOx Adsorber Emissions Control Systems for Diesel Engines. In: *SAE Technical Paper Series* : SAE International400 Commonwealth Drive, Warrendale, PA, United States, 2003 (SAE Technical Paper Series).

[65] MAURER, M., HOLLER, P., ZARL, S., FORTNER, T. ET AL.: *Investigations of Lean NOx Trap (LNT) Regeneration Strategies for Diesel Engines*. In: *SAE Technical Paper 2017-24-0124*, *2017*, *https://doi.org/10.4271/2017-24-0124*.

[66] TOOPS, Todd J.; BUNTING, Bruce G.; NGUYEN, Ke; GOPINATH, Ajit: *Effect of engine-based thermal aging on surface morphology and performance of Lean NOx Traps.* In: *Catalysis Today* 123 (2007), 1-4, S. 285–292

[67] RUSSELL, April; EPLING, William S.: *Diesel Oxidation Catalysts.* In: *Catalysis Reviews* 53 (2011), Nr. 4, S. 337–423

[68] ROHR, Friedemann; GRIßTEDE, Ina; GÖBEL, Ulrich; MÜLLER, Wilfried: *Dauerhaltbarkeit von NOx-Nachbehandlungssystemen für Dieselmotoren.* In: *MTZ - Motortechnische Zeitschrift* 69 (2008), Nr. 3, S. 212–219

[69] PISCHINGER, Stefan; SCHNITZLER, Jürgen; WIARTALLA, Andreas; SCHOLZ, Volker: *Untersuchungen zum Einsatz eines NOx-Speicherkatalysators im Pkw-Dieselmotor.* In: *MTZ - Motortechnische Zeitschrift* 64 (2003), Nr. 3, S. 214–221

[70] JACOBS, Timothy J.; BOHAC, Stanislav V.; ASSANIS, Dennis N.; SZYMKOWICZ, Patrick G.: Lean and Rich Premixed Compression Ignition Combustion in a Light-Duty Diesel Engine. In: *SAE Technical Paper Series* : SAE International400 Commonwealth Drive, Warrendale, PA, United States, 2005 (SAE Technical Paper Series).

[71] PIHL, Josh A.; PARKS, James E.; DAW, C. Stuart; ROOT, Thatcher W.: Product Selectivity During Regeneration of Lean NOx Trap Catalysts. In: *SAE Technical Paper Series* : SAE International400 Commonwealth Drive, Warrendale, PA, United States, 2006 (SAE Technical Paper Series).

[72] NEUßER, Heinz-Jakob; KAHRSTEDT, Jörn; DORENKAMP, Richard; JELDEN, Hanno: *Die Euro-6-Motoren des modularen Dieselbaukastens von Volkswagen.* In: *MTZ - Motortechnische Zeitschrift* 74 (2013), Nr. 6, S. 440–447

[73] SAJI, Keiichi; KONDO, Haruyoshi; TAKEUCHI, Takashi; IGARASHI, Isemi: *Voltage Step Characteristics of Oxygen Concentration Cell Sensors for Nonequilibrium Gas Mixtures.* In: *Journal of The Electrochemical Society* 135 (1988), Nr. 7, S. 1686–1691

[74] BREITEGGER, Bernhard; DOPPLER, Christian; KILINC, Muammer; BEICHTBUCHNER, Albert; HADL, Klaus: Regeneration control of a LNT via a dynamic NOx-Sensor, Bd. 1. In: *14th Stuttgart International Symposium*, S. 581–595

[75] SALMANSBERGER, Michael; HIEMESCH, Detlef; STÜTZ, Wolfgang; STEINMAYR, Thaddaeus: *Die Dieselmotorenfamilie des Next-Generation-Baukastens von BMW*. In: *MTZ - Motortechnische Zeitschrift* 78 (2017), Nr. 12, S. 38–47

[76] STEINPARZER, Fritz; NEFISCHER, Peter; HIEMESCH, Detlef; RECHBERGER, Erwin: *Die neue BMW Sechszylinder-Spitzenmotorisierung mit innovativem Aufladekonzept*. In: *MTZ - Motortechnische Zeitschrift* 77 (2016), Nr. 10, S. 42–51

[77] KNIRSCH, Stefan; WEISS, Ulrich; MÖHN, Stefan; PAMIO, Giovanni: *Die neue V6-TDI-Motoren- generation von Audi*. In: *MTZ - Motortechnische Zeitschrift* 75 (2014), Nr. 10, S. 48–55

[78] CRABB, Derek; FLEISS, Michael; LARSSON, Jan-Erik; SOMHORST, Joop: *Neue modulare Motorenplattform von Volvo*. In: *MTZ - Motortechnische Zeitschrift* 74 (2013), Nr. 9, S. 632–641

[79] LAURELL, Mats; SJÖRS, Johan; WERNLUND, Björn; BRÜCK, Rolf: *Standardisierte Katalysatorarchitektur für Diesel- und Ottomotoren*. In: *MTZ - Motortechnische Zeitschrift* 74 (2013), Nr. 11, S. 868–875

[80] MAROTEAUX, Damien; BEAULIEU, Juliette; D'ORIA, Sébastien: *Entwicklung der NOx-Nachbehandlung für Renault-Dieselmotoren*. In: *MTZ - Motortechnische Zeitschrift* 71 (2010), Nr. 3, S. 184–189

[81] EUROPÄISCHE KOMMISSION: *Verordnung (EU) 2018/1832 der Kommission* (in Kraft getr. am 5. 11. 2018) (2018-11-05)

[82] HADL, K.; SCHUTTING, E.; EICHLSEDER, H.; BEICHTBUCHNER, A.; BÜRGLER, L.; DANNINGER, A.: Diesel-Abgasnachbehandlungskonzepte zur Erfüllung künftiger Gesetzgebungen basierend auf dem NOx-Speicherkatalysator. In: LENZ, Hans Peter (Hrsg.): *35. Internationales Wiener Motorensymposium 08. – 09. Mai 2014* : VDI Verlag, 2014, S. 419–434

[83] HADL, Klaus; EICHLSEDER, Helmut; SCHUTTING, E.; BEICHTBUCHNER, A.; BÜRGLER, L.: Diesel-Abgasnachbehandlungskonzepte für die Richtlinie LEVIII SULEV. In: LIEBL, Johannes; BEIDL, Christian (Hrsg.): *Internationaler Motorenkongress 2015*. Wiesbaden : Springer Fachmedien Wiesbaden, 2015 (Proceedings), S. 443–463

[84] HADL, Klaus; ENZI, Bernhard; KRAPF, Stefan; WEIßBÄCK, Michael: *Systembetrachtung für effiziente und saubere Dieselmotoren*. In: *MTZ - Motortechnische Zeitschrift* 78 (2017), 7-8, S. 40–45

[85] MATSUMOTO, S., DATE, K., TAGUCHI, T. ET AL.: *Der Neue Diesel-Magnetventil-Injektor von Denso*. In: *MTZ Motortech Z 74, 146–150 (2013)*. *https://doi.org/10.1007/s35146-013-0033-6*

[86] MAUL, Markus; BROTZ, Michael; GRILL, Michael; BARGENDE MICHAEL: Investigation of LNT Regeneration Strategy for Diesel Engines with High Internal Residual Gas Rates. In: *21th Stuttgart International Symposium*.

[87] BARGENDE, Michael: *Ein Gleichungsansatz zur Berechnung der instationären Wandwärmeverluste im Hochdruckteil von Ottomotoren*. Darmstadt, Technische Hochschule Darmstadt. Dissertation. 1991

[88] FORSCHUNGSINSTITUT FÜR KRAFTFAHRZEUGMOTOREN UND FAHRZEUGMOTOREN STUTTGART: *Bedienungsanleitung zu GT-Power-Erweiterung UserCylinder*. Version 2.6.6, 2020

[89] GRILL, Michael: *Objektorientierte Prozessrechnung von Verbrennungsmotoren*. Stuttgart, Universität Stuttgart. Dissertation. 2006

[90] GRILL, Michael; CHIODI, Marco; BERNER, Hans-Jürgen; BARGENDE, Michael: *Stoffwerte von Rauchgas und Kraftstoffdampf beliebiger Kraftstoffe*. In: *MTZ - Motortechnische Zeitschrift* 68 (2007), Nr. 5, S. 398–406

[91] KARL, Huber: *Der Wärmeübergang schnelllaufender, direkteinspritzender Dieselmotoren*. München, Technische Universität München. Dissertation. 1990

[92] BRETTSCHNEIDER, Johannes: *Berechnung des Luftverhältnisses von Luft-Kraftstoff-Gemischen und des Einflusses von Meßfehlern auf Lambda.* In: *Bosch Technische Berichte 6* (1979), Nr. 4, S. 177–186

[93] BARGENDE, Michael: *Schwerpunkt-Kriterium und automatische Klingelerkennung — Bausteine zur automatischen Kennfeldoptimierung bei Ottomotoren.* In: *MTZ - Motortechnische Zeitschrift* 1995, 56(10), S. 632–638

[94] HELD, Nikolaus: *Zylinderdruckbasierte Regelkonzepte für Sonderbrennverfahren bei Pkw-Dieselmotoren.* Wiesbaden : Springer Fachmedien Wiesbaden, 2017

[95] HERZBERG, Andreas: *Betriebsstrategien für einen Ottomotor mit Direkteinspritzung und NOx-Speicher-Katalysator.* Karlsruhe, Universität Karlsruhe. Dissertation. 2001

[96] YANG, Qirui; BARGENDE, Michael; GRILL, Michael: Integrated flow model with combustion and emission model for VVT Diesel engine. In: *19th Stuttgart International Symposium.*

[97] HÜGEL, Phillipp: *Untersuchungen zum Wandwärmeübergang im Teillastbetrieb an einem Einzylinder-Forschungsmotor mit Benzin-Direkteinspritzung.* Karlsruhe, KIT. Forschungsbericht. 2017

Anhang

A1. Vergleich Abgasmessanlage vs. Fast-CLD

Abbildung A1 zeigt den Vergleich zwischen den NO-Messwerten der Abgasmessanlage und des Fast-CLD 500. Die Entnahmesonden sind nach den Turboladern und vor dem NSK montiert. Beide Kurven verlaufen nahezu deckungsgleich.

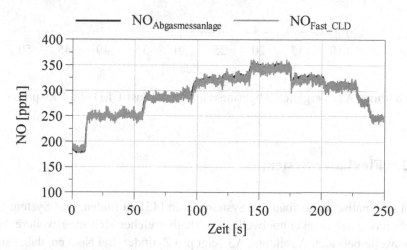

Abbildung A1: Vergleich Abgasmessanlage vs. Fast-CLD Lastsprünge

Abbildung A2 zeigt den Vergleich zwischen Abgasmessanlage und Fast-CLD 500 bei Auslösung eines Fettsprungs.

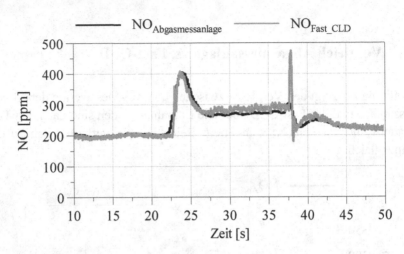

Abbildung A2: Vergleich Abgasmessanlage vs. Fast-CLD 500 Fettsprung

A2. FlexValve System

Ein schematischer Aufbau des Systems ist in [45] zu finden. Das System besteht aus einer Nockenhohlwelle, innerhalb welcher sich eine weitere Nockenwelle befindet. Abbildung A3 zeigt pro Zylinder drei Nocken, dabei sind die beiden äußeren Nocken mit der äußeren Welle verbunden und die beiden inneren Nocken mit der inneren Welle. Durch einen Phasensteller können beide Nockenwellen relativ zueinander verdreht werden.

Abbildung A3: FlexValve Nockenwelle

Die relative Verstellung der beiden Wellen zueinander, führt zu unterschiedlichen Übertragungsprofilen auf den Kippmechanismus. Auf diesen wirken sowohl die beiden äußeren Nocken als auch die innere Nocke. Der Kippmechanismus wirkt auf eine Welle, über welche beide Schlepphebel miteinander verbunden sind, siehe Abbildung A4.

Abbildung A4: FlexValve-Mechanismus

A3. Abgleich der Abgasmessanlagen

Der Abgleich der Abgasmessanlagen erfolgt mit einem verbautem Leerrohr, anstatt des Katalysators, die Positionen der Abgasentnahmestellen sind identisch zu den Positionen mit verbautem Katalysator. Das Leerrohr besteht aus dem Gehäuse des originalen Katalysators ohne Katalysator-Inlets.

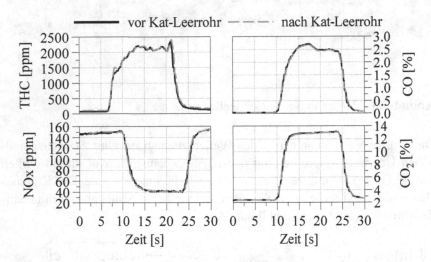

Abbildung A5: Abgleich der Abgasmessanlagen

A4. Ladungswechselkurven

Die dargestellten Durchflusskurven beziehen sich immer auf ein Ventil. Auf der Einlassseite ist zu beachten, dass in einem Ventil die Einlasskanalabschaltung aktiviert ist. Damit ergeben sich der Frischluftmassenstrom über ein Ventil und der Abgasmassenstrom über zwei Ventile.

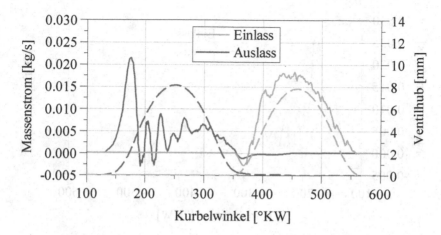

Abbildung A6: 1500 1/min, iRGR 8 %, Durchfluss- und Ventilhubkurven

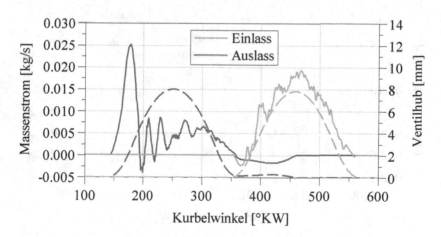

Abbildung A7: 1500 1/min, iRGR 15 %, Durchfluss- und Ventilhubkurven

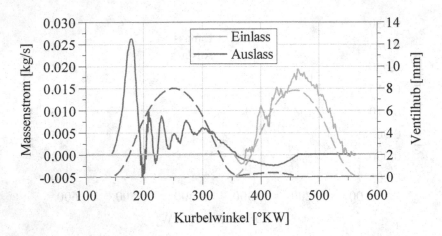

Abbildung A8: 1500 1/min, iRGR 18 %, Durchfluss- und Ventilhubkurven

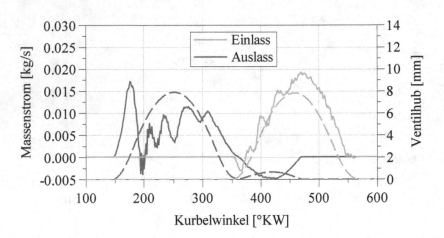

Abbildung A9: 1500 1/min, iRGR 30 %, Durchfluss- und Ventilhubkurven

A5. Verlauf des Verbrennungsluftverhältnisses

Abbildung A10 zeigt verschiedene Einflussgrößen auf den Verlauf des Verbrennungsluftverhältnisses Lambda$_{Sonde}$ (Diagramm oben links und rechts, unten links) und veranschaulicht, warum der Verlauf des Lambdasondensignals erst mit Verzögerung der Sprungvorgabe aus Luft- und Kraftstoffmasse folgt. Im unteren rechten Diagramm ist ein Vergleich zwischen gemessenem Verbrennungsluftverhältnis mit der Lambdasonde und des berechneten Verbrennungsluftverhältnisses mittels 1-D Strömungssimulation in GT-Power dargestellt. Dabei wird in GT-Power die Luftmasse über ein Strömungsmodell berechnet. Die zeitliche Synchronisierung in den Abbildungen erfolgt qualitativ. Im oberen linken Diagramm ist zu erkennen, dass der Verlauf des Lambdasondensignals mit späterem Einspritzzeitpunkt zunehmend magerer wird. Gleichzeitig steigt die Energie im Abgas in Form von unvollständig verbranntem Kraftstoff (HC und CO) jedoch nicht in gleichem Verhältnis an, was auf eine erhöhte Wand-/Kolbenbenetzung zurückzuführen ist.

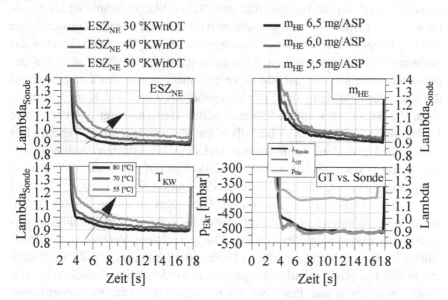

Abbildung A10: Verlauf des Verbrennungsluftverhältnisses, Einflussgrößen

Gleiches passiert im unteren linken Diagramm bei Absenkung der Kühlwassertemperatur. Im oberen rechten Diagramm kann es bei geringen Haupteinspritzmassen zu einer schlechten Kraftstoffumsetzung der Nacheinspritzung zu Beginn des unterstöchiometrischen Betriebs kommen, was zu einem längeren Aufwärmverhalten des Systems führt. Bei schlechter Kraftstoffumsetzung der Nacheinspritzung kommt es zu hohen Restsauerstoffgehalten im Abgas, was ebenfalls zu einem mageren Wert im Lambdasondensignal beiträgt. Gleichzeitig kommt es während des längeren Aufwärmprozesses zu größeren Wand-/Kolbenbenetzungen, da das System eine geringere Temperatur aufweist.

Abbildung A11 zeigt im oberen Teil den Verlauf der Luft- und Kraftstoffmasse. Dabei ist zu Beginn des unterstöchiometrischen Motorbetriebs ein Unterschwinger im gemessenen Luftmassenstrom zu sehen. Dieser resultiert durch einen Unterschwinger der Drosselklappenposition. Der in den Zylinder einströmende tatsächliche Massenstrom, berechnet aus den Indizierdaten und dem Strömungsmodell, folgt dem Druckverlauf, der im Ansaugkrümmer gemessen wird. Grund für die unterschiedlichen Massenströme ist die Messposition des Luftmassenmessers, dieser befindet sich vor der Drosselklappe und beinhaltet eine relativ lange Leitungsstrecke. Bei Vergleich des über das Strömungsmodell berechneten Verbrennungsluftverhältnisses und des gemessenen mittels Lambdasonde ist zu erkennen, warum der Lambdaverlauf der Lambdasonde nicht der Sprungvorgabe aus Luft- und Kraftstoffmasse folgt. Zu Beginn des unterstöchiometrischen Betriebs zeigt das berechnete Verbrennungsluftverhältnis ebenfalls einen etwas magereren Verlauf. Der Unterschied zwischen Lambdasonde und dem berechneten Verbrennungsluftverhältnis kann mit hoher Wahrscheinlichkeit auf das große Volumen zurückgeführt werden, welches zwischen der Lambdasonde (hinter ATL) und den Auslassventilen der Zylinder liegt. Dies führt zu einem zeitlich gemittelten Wert. Während das von GT-Power berechnete Verbrennungsluftverhältnis arbeitsspielaufgelöst vorliegt. Das berechnete Verbrennungsluftverhältnis ist auch mit einer gewissen Unsicherheit behaftet, da die Kraftstoffmasse nicht arbeitsspielaufgelöst gemessen werden kann. Jedoch zeigt sich relativ unabhängig von dieser, warum zu Beginn des unterstöchiometrischen Betriebs ein flacherer Gradient im Verlauf des Verbrennungsluftverhältnisses zu sehen ist.

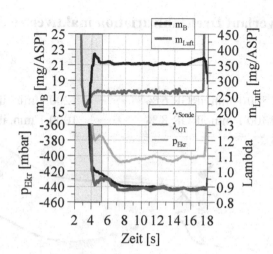

Abbildung A11: Luft- und Kraftstoffmassenverlauf (oben) und Lambdaverlauf (unten)

A6. Brennverlauf Drehzahlvariation inaktiver zweiter AVH

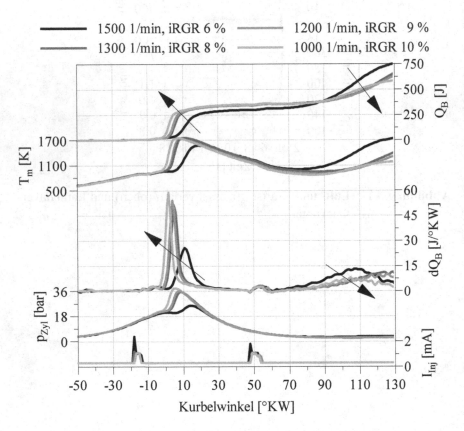

Abbildung A12: Drehzahl-Variation, inaktiver zweiter Auslassventilhub

A7. Verdampfungsenthalpie 1-zonige DVA

In Abbildung A13 ist die etwas höher berechnete Verdampfungsenthalpie im Vergleich zur zweizonigen Rechnung zu sehen.

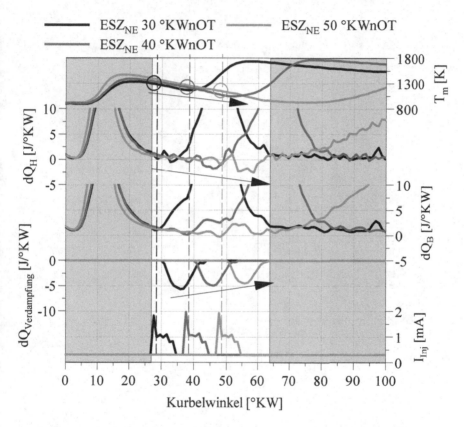

Abbildung A13: 1500 1/min, DVA ESZ$_{NE}$-Var. mit Heizverlauf, 1-zonig

Printed in the United States
by Baker & Taylor Publisher Services